纺织服装类“十四五”部委级规划教材

服装款式设计创意

李琼舟　胡小燕 著

東華大學 出版社 · 上海

图书在版编目（CIP）数据

服装款式设计创意 / 李琼舟，胡小燕著 . -- 上海：东华大学出版社，2024.7

ISBN 978-7-5669-2373-8

Ⅰ . ①服… Ⅱ . ①李… ②胡… Ⅲ . ①服装设计 Ⅳ . ① TS941.2

中国国家版本馆 CIP 数据核字 (2024) 第 102070 号

责任编辑 谢 未
版式设计 赵 燕
封面设计 Ivy哈哈

服装款式设计创意
FUZHUANG KUANSHI SHEJI CHUANGYI

著　者：李琼舟　胡小燕
出　版：东华大学出版社
（上海市延安西路 1882 号　邮政编码：200051）
出版社网址：dhupress.dhu.edu.cn
出版社邮箱：dhupress@dhu.edu.cn
营销中心：021-62193056　62373056　62379558
印　刷：北京启航东方印刷有限公司
开　本：889mm × 1194mm　1/16
印　张：10.5
字　数：302 千字
版　次：2024 年 7 月第 1 版
印　次：2024 年 7 月第 1 次印刷
书　号：ISBN 978-7-5669-2373-8
定　价：59.00 元

目录 CONTENTS

序言

在新材料和新技术不断涌现的当下，时装设计更像是一种有关形式感的"乐高"游戏。通过材料、色彩、廓形等要素的组合拼搭，演绎出五花八门的时装款式。层出不穷的设计创意涵盖了从基础造型到流行趋势等多元素整合运用。在网络信息发达的今天，关注流行趋势虽然可以轻松拥有海量设计资讯，但并不是掌握服装设计要领的关键。时尚是不可捉摸的，但是基于"人"这个对象的服装造型，其设计变化是有规律可循的。今天，即使有 AI 技术的高效加持，但看透规律并灵活运用才是提升服装设计创意能力的捷径。经验丰富的设计师可以从设计过程中逐渐总结出"更有效的工作方法"；同样，经过优化的学习方法能帮助学习者省去大量的无效学习时间。

一般来说，在学习服装设计造型的过程中，通常会先经历工艺缝制、结构制版、立体裁剪等用于实现造型的工艺训练，然后才进入主题性设计的阶段。涉及服装制作工艺的基础技能主要关注的是材料的物理特点和工艺硬件的操作手法，可通过反复练习掌握其要领。然而，学习者进入具有主观性发挥空间的主题性设计阶段时，往往因缺乏对"自由创作"的理性认识，容易陷入懵懂或毫无疆界的天马行空，产生大量草率的作品却找不到问题所在。

当设计师用铅笔在稿纸上对一款服装进行造型的创意变化时，其过程和音乐家即兴变奏一首乐曲一样，需要通过手、眼、脑协作去表达某种具有形式美感的构想。服装设计师在工作过程中，创意经常不断涌现。由于其速度之快难以察觉，给我们造成了一种错觉，即"创意"或"灵感"是一种混沌的闪烁之物，是由天赋决定且难以通过后天训练获得的。事实上如果用微观尺度观察设计行为本身，会发现创意设计的工作过程具有清晰的思维路径和动作。认识这种工作模式并通过刻意练习掌握工作方法便能更快地打开通往思维拓展的门。

本书希望通过简洁的理论讲述和量化的训练内容为服装设计初学者找到一条行之有效的学习之路。有关服装款式造型设计与创意的分阶训练旨在帮助学习者由浅入深理解设计的内在规律与疆界。通过阶梯式学习，放大、分解并强化设计动作，让学生理解形式变化与创意思维的朴素之处。

● 为什么要分阶训练?

※ 分阶训练有助于锚定目标

※ 分阶训练有助于诊断问题

※ 分阶训练有助于精进技术

※ 分阶训练有助于针对短期任务目标建立工作路径：一些已经学习过服装设计的学生，很可能在长时间里都使用了错误的方法和思路，笨拙地处理设计问题并经常产生挫败感；分级训练将创意的工作过程分解为层次分明的训练模块，这会帮助学习者重新审视自己的工作方法并加以矫正。

※ 分阶训练有助于发现问题：三阶训练具有很强的凝炼性与实用性，几乎囊括了初学者的三个重要学习瓶颈，通过难度不同的考核，可以很容易发觉自己的薄弱环节。

※ 分阶训练有助于精进专业技能并提升持续学习能力：因为练习内容的难度是阶段性递进的，所以学习者在准备好进入下一任务之前，可以反复操练前一个任务直至熟练，而不是草率地进入下一个环节。自我诊断能力让学生可以时刻成为自己的学习导师，为持续学习提供更好的推力。

本书所探讨的分阶训练是一种以学习者为中心的教学设计方法，通过阶梯式的难度设置和量化管理，将学习设计的过程变得简明和易于操作；同时，分阶训练可以很好地将造型基础课的内容与专业核心课程贯通，将每一阶段所学的设计基础有效地转化为核心专业技能。无论是自学者还是专业院校学生，都可以通过分阶训练更有效地学习和提升服装设计的能力。

● 如何使用本书

本书第一章理论篇让学习者理解服装设计的底层逻辑，通过对元素排列组合的概念认识，让学习者从“变化”的视觉现象中学习“不变”的设计规律。第二章实操篇中包含了三个递进式难度的练习模块，让学习者的观察和思考方式由具象延伸至抽象，拓展应变性以及对造型规律的运用能力。第三章通过案例讲解如何将设计原理与 AI 技术结合运用，以达成人机合作的高效工作形式。最后两章强调如何通过常态化练习巩固服装设计所需要的必要基本功。

对于专业教师而言，可以根据教学进度需求，系统地开展本书中所罗列的教学内容，也可以根据学生能力的差异选择不同阶段的练习进行针对性指导。

自学者建议在学习并理解了第一章的 4 个“底层逻辑”之后，参考以下三种情况来制定自己的后续学习计划。

※ 如果你的绘画基础比较薄弱，你需要在第四章的“体能训练 - 强化手绘基本功”部分多花一些时间针对服装手绘表达能力多加练习，因为速绘能力是快速表达设计创想的敲门砖。通过针对性的密集练习快速强化对服装图形元素的绘画表达能力后，再回到第二章的初阶练习开始学习。

※ 如果你具备良好绘画训练基础但目前还只是服装设计的初学者，那么你可以直接进入第二章的“整理积木”部分，多花一些时间反复实践此章中列举的练习内容直至驾轻就熟，之后再进入下一阶段的学习。

※ 如果你已经拥有良好的服装款式速绘与细节表达能力，但是在创意环节上遇到瓶颈，你可以快速浏览第一章后，从第二章的“进阶练习”开始学习。

● 课前准备

“在有限的时间内合理规划并认真执行才是高效学习的保障。”

A. 明确你的学习目标

※ 专业技能精进

※ 业余爱好入门

※ 个人能力诊断与提升

B. 根据目标制定你的时间规划

短期解锁技能：日计划 - 每日 7 小时密集型学习，持续 5 ~ 10 天。

中长期能力提升：周计划 - 每周 10 小时学习，持续 3 ~ 5 周。

长期审美培养：月计划 - 每周 5 小时学习，持续 2 ~ 3 个月。

C. 了解必要的物资投入

需要准备的工具和材料：铅笔、草稿纸、速写本、旧杂志、剪刀、胶棒以及简单的上色工具如水彩颜料或马克笔，一台可用于拍照的手机用于记录练习过程。

现在，让我们开始吧！

第一章　理论篇——化繁为简

一、底层逻辑——服装是个糖果盒?

当下服装的概念，如果用通俗易懂的方式来表述——服装即人体的包装，服装样式即人体的包装方式（图 1.1）。你可以像看待糖果的包装盒一样看待人们身上的时装。带有彩虹色光泽的透明水果糖袋子或是棱角分明的烫金巧克力纸盒等，不同的内含物需要不同的包装来加以烘托，人们的着装行为也具有相似的意义。

Sugarpova[1] 作为世界著名的时尚糖果品牌，由俄罗斯网球明星玛丽亚・莎拉波娃于 2012 年在美国创建。该系列产品以极具设计感的包装诠释经典糖果的口味，是用时尚元素来增值味觉体验的典型案例（图 1.2 ）。

1

2

图 1.1　川久保玲服装作品 1
图 1.2　Sugarpova 的糖果包装

[1] 图片与产品信息来自 Sugarpova 品牌的官网：https://sugarpova.com/pages/about

3

在经济富足且商业繁荣的地域，城市生活中的服装更多地是满足人们的个性偏好与社交需求。不同场合的人履行不同的职责或扮演不同的身份，服装是帮助实现这一目标的“行头”。犹如舞台上的演员，通过不同的扮相让观者感知他们的人格特点和在剧本中的身份。货架上的糖果包装盒通过它们的材质、颜色和形状向消费者透露了其内含物的风味和品质。生活中的人们通过着装表达自己的品位和个性。身着通勤西装或聚会礼服的差异也表明了着装者的目标场合。包装设计之于糖果，就如同服装设计之于着装者（图 1.3）。“你今天是水果硬糖还是奶油巧克力？”周围的人会透过你的“糖果盒”读取你着装背后的语义（图 1.4~ 图 1.6）。

4

4

6

图 1.3　漫画：“服装就像糖果盒”
图 1.4　Sunnei 2022 春夏时装 1
图 1.5　Louis Vuitton 2022 春季时装
图 1.6　Sunnei 2022 春夏时装 2

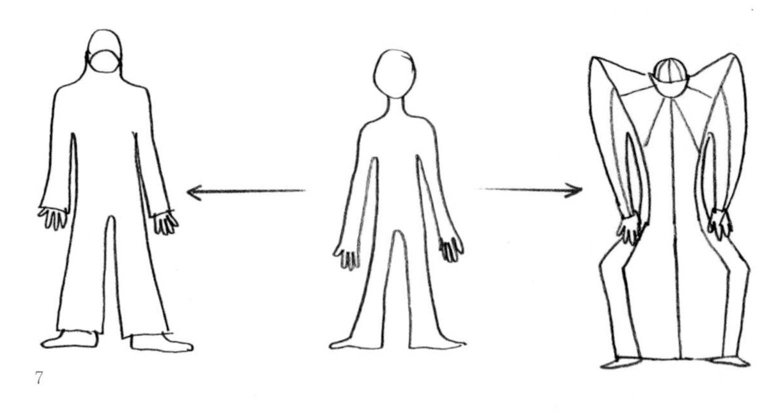

7

8

从空间构成的角度来看，服装设计的过程是探讨采用何种形状来包装人的过程。紧身的服装使用较少的或特殊的材料紧贴人体，甚至向身体施加一部分压力，从而再现人体外部轮廓的样式，如紧身裙、弹力牛仔裤等“性感”的服饰；宽松的服装采用相对较多的材料在人体体表之上塑造一种空间感与外部轮廓，如泡泡袖衬衫、A 型的大衣等（图 1.7）。

紧与松的程度取决于这个人体的“包装盒”是需要再现人体轮廓还是重塑人体轮廓（图 1.8、图 1.9），设计师根据设计对象或客户要求决定着这些选项，结合材质、色彩等因素做出多种组合并形成了丰富多样的设计。

从工艺构成的角度来看，服装设计的过程是探索通过何种材料、技术来实现“人体包装”的过程。 通过适合的服装材料与合理的制作工艺塑造出着装状态下的服装外观。变化的设计方案形成不同的轮廓、色彩与质地，满足不同人群的社会活动需求和审美感受。

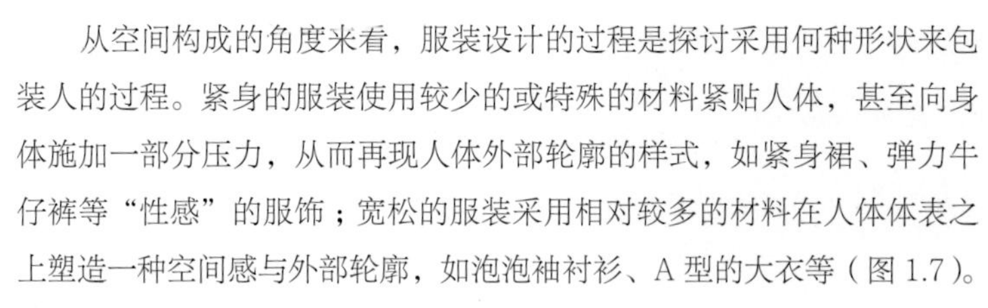

9

图 1.7　漫画：服装与人的空间关系
图 1.8　Alexander McQueen 2021 春夏时装 1
图 1.9　Alexander McQueen 2021 春夏时装 2

11

10

图 1.10　Alexander McQueen 2024 春夏时装 1
图 1.11　Iris Van Herben 2011 年推出的 3D 打印时装作品，图片来自 2024 年法国巴黎装饰博物馆 Iris Van Herben 回顾展实拍

二、底层逻辑——盒子的“源代码”

一种服装样式的出现、流行与消亡和社会、经济、文化等因素息息相关。 自本世纪初以来，设计领域的文化包容性和尺度都在不断扩大，时尚几乎变得无所不能、无所不用。技术的跨界和新材料的闪亮登场让 T 台上的作品变得光怪陆离、界限模糊。

Alexander McQueen 2024 年春夏时装，使用了带有科技涂层的柔性皮革，外观上具有硬质金属的效果（图 1.10）。Iris Van Harpen 2011 年的设计，用到了 3D 打印和透明硅胶材料，将动态的水花定格在了人体上（图 1.11），这种新的材料和技术的运用，重新颠覆了时装创意的可能性和想象空间。有趣的是，高科技所表达的依旧是自然造物的题材。

然而，无论流行趋势如何翻滚、衣服的样式如何更新换代，服装潮流涌动的背后总有潜在的规律在支配。一般来说，服装设计的类型可以化繁为简地概括为 85% 的规律性设计加 15% 的概率性设计。

85% 的规律性设计来自客观世界中普遍存在的某种秩序，它主要反映的是自然之美，它包含了人体及其他自然造物的素材与韵律，规律性设计稳定地出现在各个时期的服装作品中，形成经典的服饰构成语言。 15% 的概率性设计指受艺术行为、社会事件等波动性因素影响而产生的设计作品，它主要反映的是人文之美，包含与社会、文化、科技等方面相关的人文痕迹以及所衍生的视觉元素，但概率性文化事件所引发的流行现象通常是短暂的或波段性的。19世纪因美国西进运动的淘金热而诞生的牛仔裤在当时只是淘金者的工作服，在60年代亚文化运动的推动下逐渐成为独立和反叛精神的象征。牛仔裤的流行最初并不是因为外观的吸引力，而是社会事件和文化运动下的产物，它是为数不多的因为社会事件的推动而逐步发展为“经典”的服装品类（图1.12）。

12

规律性设计和概率性设计并不能包含所有的服饰案例，但可以为流行现象的偶然性和必然性做出一种宏观的逻辑分类。相对于以自然模型为设计蓝本的服装样式，因偶发事件而催生的流行内容通常都是小众的。20世纪70年代，Vivienne Westwood为性手枪乐队设计的反叛时装名声大噪，使街头亚文化走向了世界时装舞台，以至于“朋克”成为今天时尚圈津津乐道的专有名词之一。如今，80多岁的Vivienne Westwood已被英国年轻人冠以时尚教母的称号，但是她后期所设计的时装样式并没有继续沿用早期那种浮躁、反叛的样貌，而是开始巧妙地融入一些经典的设计元素和手法，使作品既保持了自己的风格定位又变得更容易被大众消费者接纳（图1.13）。

图1.12　左图为1882年穿着李维斯牛仔裤的美国加利福尼亚州矿工，右图为身着牛仔裤的英国20世纪90年代摇滚明星Kurt Cobain

图1.13　左图为2012年身着自己时装作品的Vivienne Westwood（右一），右图为英国20世纪60年代的朋克青年

13

第一次西方工业革命至20世纪初，西方服装开始逐渐摆脱古典样式并走向现代机能化。从20世纪初至现当代，时装尤其是女装样式的更替从未停歇。纵观百年时尚的流变，虽然文化事件对时尚的影响在服饰史中可圈可点，但决定服饰造型与变化的依然是自然造物背后所蕴含的形式规律。我们可以把这种源于自然形态的规律看作服装造型设计的“源代码”。这个神秘的代码为服装结构线的走向和位置制定了规则，也为装饰手法及形式拟定了有效参照（图1.14、图1.15）。

14

15

图1.14　郁金香（摄影作者：常青）

图1.15　Ashi Studio 2021高定女装 Ashi Studio 2021年高定女装，运用立体裁剪技术塑造出富有空间层次感的礼服，宛如一个倒置的郁金香。

16

17

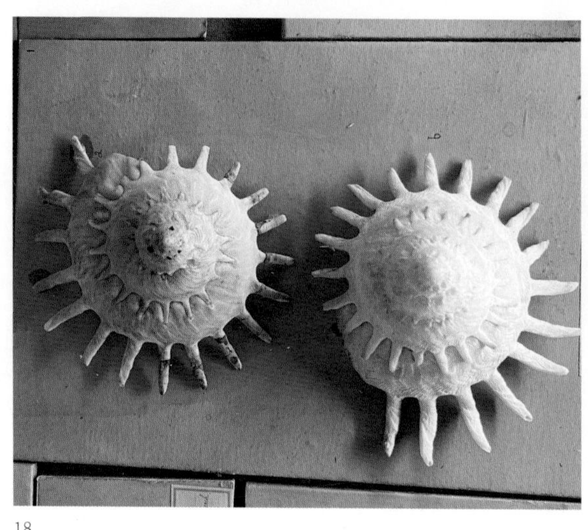

18

19

无论是自然界的山川树木还是花鸟草虫；当我们凝视层层叠叠的玫瑰花冠或是鹦鹉螺优美的螺旋形气室，都能激发人们来自心灵深处对美的共鸣。自然造物的秩序中隐含了某种能够引发美感共鸣的力量并塑造了人们的审美偏好（图 1.16~ 图 1.19）。

图 1.16　Rami Al Ali 2024 春夏时装 1
图 1.17　天然海螺 法国南特自然历史博物馆
图 1.18　天然贝壳 法国南特自然历史博物馆
图 1.19　Iris Van Herben 2019 秋冬时装

除了对秩序感的青睐，审美偏好还受到物种进化发展过程中有利于生存与繁殖的策略性因素的影响。比如，在远古时代，植物的色彩、肌理和气味往往反映了食物的安全性和可食用程度；今天，新鲜蔬果的配色通常都会令人感到愉悦。又比如，女性腰臀比的高低在进化心理学角度来说或许反映了生殖能力的强弱，而这种比例特征背后的意义在某种程度上塑造了男性对女性在“吸引力”方面的判断[2]，这或许能解释为何钟形裙能在西方女装发展史中拥有如此经久不衰的生命力。直至 20 世纪初开始的女性平权运动才逐渐打破了这种传统的审美偏好，而二战后迪奥推出的 X 型女装又再次点燃了欧洲女性对古典美的追求热情（图 1.20、图 1.21）。

即使是当时极具女权独立意识的香奈儿女士，在彻底抛弃紧身胸衣的态度下，也曾经设计过收腰的 X 型女裙（图 1.22）。

20

21

22

图 1.20 Christian Dior 20 世纪 50 年代的时装
图 1.21 Ashi Studio 2021 年高定礼服
图 1.22 香奈儿的 X 型女裙

[2] David M.Buss，2015，《进化心理学：心理的新科学》，商务印书馆出版社
心理学家 Devendra Singh 提出了这样一种特征——腰围与臀围的比率，也叫作腰臀比（WHR）（Singh, 1993）。低腰臀比是指腰围比臀围更小，它常常与高生育力有密切关联。原因有二：第一，临床表明低 WHR 的女性比高 WHR 女性更容易怀孕；第二，高 WHR 的女性往往更有可能存在心脏病和内分泌问题，而这两种因素又和低生育力关系密切。所以，Singh 认为男性应该会更喜欢低 WHR 的女性，而且男性应该已经进化了对与生育力有关的女性身体线索表现出高度的敏感和喜爱的偏好。

直到今天，这种强调腰臀比的 X 型女装依然反复出现在受大众欢迎的款式系列中,不仅从未淡出反而被冠以“经典”。潜意识下的审美偏好，常常以人们难以觉察的速度左右人们的审美选择。换言之,“经典款”之所以成为经典，是因为它们的形态契合了大部分人基因里自带的某种偏好。

正因为人们对自然造物之美有着与生俱来的青睐，模仿自然生态特点的造型、印花或肌理一直是服装设计的惯用手法（图 1.23、图 1.24）。

23

24

图 1.23　蘑菇的纹理
图 1.24　Iris Van Herpen 2018 春夏时装

2024 年 Alexander McQueen 的设计使用了针织工艺塑造植物花卉的肌理，还运用蕾丝塑造出自然落叶的肌理（图 1.25、图 1.26）。

25

16

图 1.25 Alexander McQueen 2024 春夏时装 2
图 1.26 Alexander McQueen 2024 春夏时装 3

而人作为自然造物之一，其健康机体上所呈现出的各种线条、轮廓、空间和明暗也是人们潜意识所痴迷的对象（图 1.27~ 图 1.29）。当服装结构或外观呼应了这些对象的特点就容易给人以审美愉悦感，反之，如果与自然秩序之美的规律相违背，则容易产生刺激感，形成所谓的“另类设计”甚至是令人反感的设计。

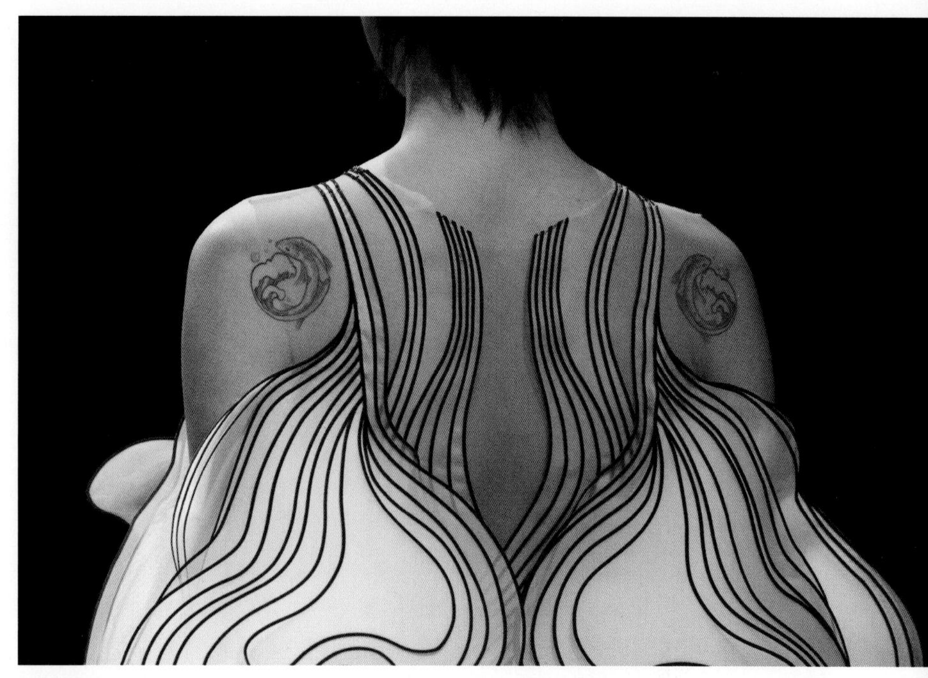

27

28

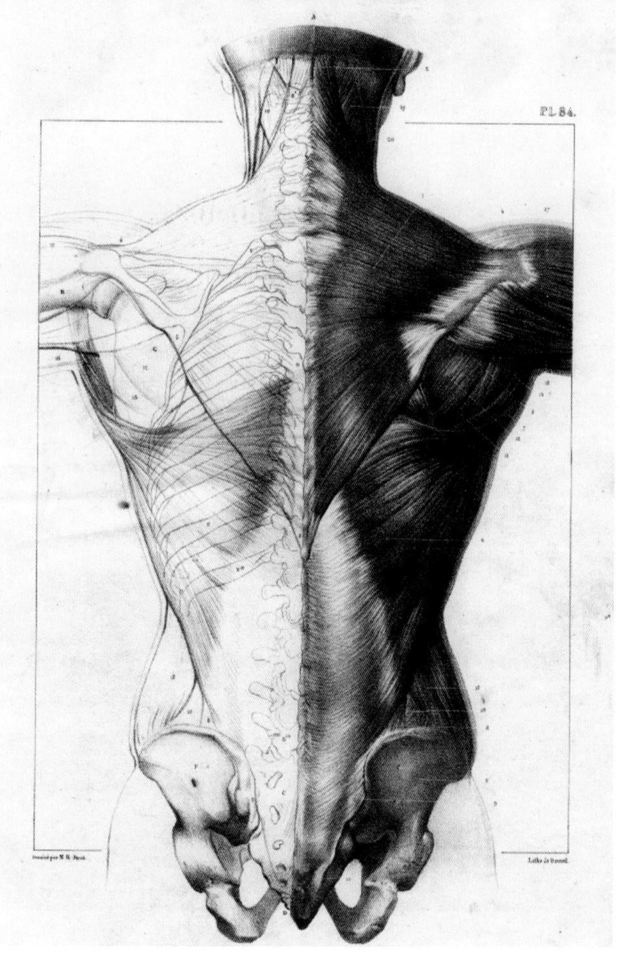

29

图 1.27　Iris Van Harpen 2019 年的时装作品
图 1.28　Dion Lee 2024 春夏时装
图 1.29　19 世纪中叶 Jean Marc Bourgery 所绘制的人体肌肉解剖结构图，健康机体的肌肉骨骼结构线条揭示了服装结构线的审美规律

30

31

图 1.30 Rick Owens 2018 春夏时装 1
图 1.31 Rick Owens 2018 春夏时装 2

在 Rick Owens 在 2018 年春夏推出的服装作品中，设计师通过服装的夸张造型表达了自己的艺术观点（图 1.30、图 1.31）。从两幅图可以明显感受到秩序和混乱所带来的感官差异。两件服装都用到了弧形镂空的手法，左图更符合正常的人体比例和装饰秩序，右图则通过变形和夸张解构了人体的自然状态，秩序感被撕裂。或许这正是设计师想要表达的情感冲突。

32

当作品远离了日常生活的审美边界，通常只会像行为艺术一般留在艺术展览的情境中，很难进入大众生活的审美范畴。

如果浏览近百年的设计样式，我们会发现普遍受大众喜爱并流传至今的那些经典款式在结构上具有一个或多个共性，它们反映了植根于人类内心深处的审美偏好，即对自然秩序之美的偏好，大量的“经典款”都证实了这一点（图 1.32、图 1.33）。

2012 年 Iris Van Herpen 发布的 3D 打印时装，以惊世骇俗的造型和前卫科幻的材料惊艳 T 台，但对比 1948 年 Christian Dior 的女装会发现，两件跨越半个多世纪的样式却有着惊人的相似廓形，究竟是什么让不同世纪的设计师们都如此痴迷类似的造型呢？

图 1.32　Christian Dior 1948 女装设计
图 1.33　Iris Van Herpen 2012 女装设计

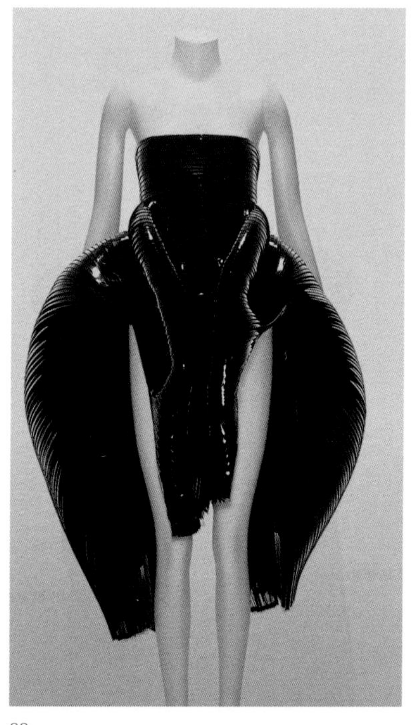

33

34

三、底层逻辑——时尚的“乐高积木”

John Galliano2000 年秋冬成衣发布的作品，使用了 20 世纪 70 年代的拼图换装娃娃的元素来做设计，似乎也在讽刺时装是一种成年人的变装玩具（图 1.34）。

设计的过程是将服装的廓形、材质、色彩、图案等要素进行排列、组合、变化的过程（图 1.35、图 1.36）。

图 1.34　John Galliano 2000 秋冬成衣
图 1.35　漫画："设计就像搭积木"
图 1.36　乐高积木 作者拍摄

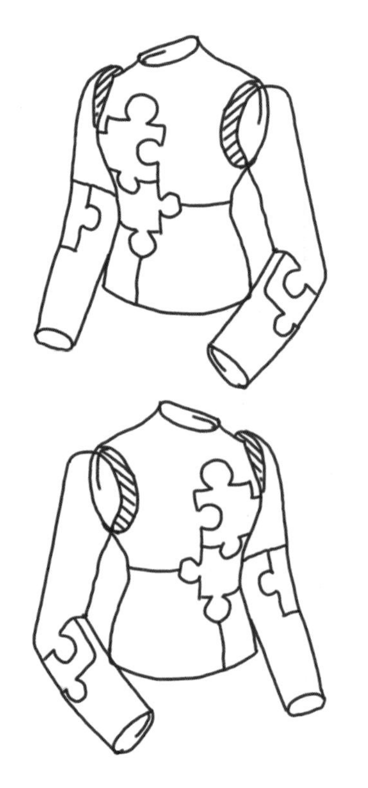

35

36

37

Christian Dior 在 20 世纪 50 年代设计的 X 型女裙，在 2012 年其高级女装作品中依然可以看到完全相似的设计，只是色彩和面料发生了改变（图 1.37）。

现代女装的各种经典廓形或风格题材几乎已在 20 世纪的中后期全部出现并发展成熟，形成大量的经典元素。虽然当代的材料创新和科技融合是新的趋势，但时装的造型几乎依旧是继承和沿用这些经典元素，并加以混搭。因此，当下的时尚设计更像一种拼图式的“乐高积木”游戏，即在已有的服装设计元素上进行拆分、重组与混搭。

MIU MIU 2017年的女装（图1.38），混合了棒球帽、朋克风格的铆钉、复古的大珍珠配饰、飞行服夹克外套、皮草、碎花连衣裙等多种毫不相干的元素。设计师像调酒师一样用这些反差极大的元素调配出一种既老陈又活泼、既妖娆又倔强的气质，然而整个系列几乎没有用到新的设计元素，仅靠混搭塑造出一种新的组合方式。

38

图 1.37　图左为 Christian Dior50 年代推出的女裙，图右为 Christian Dior2012 的高级女装

图 1.38　MIU MIU 2017 女装

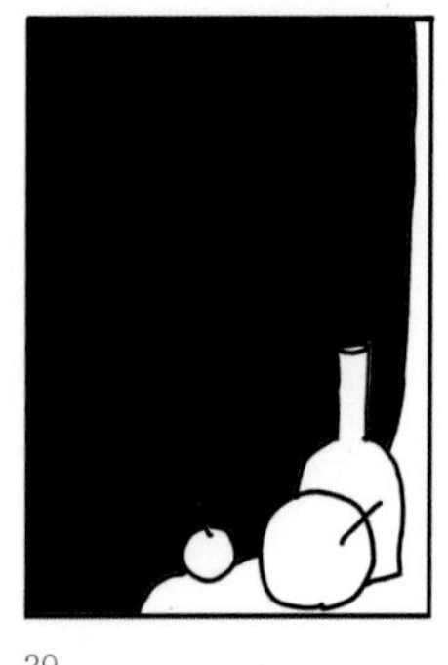
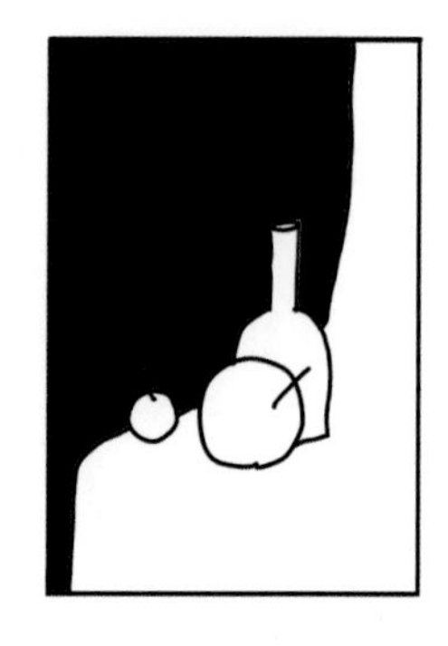

39

“排列、组合、变化”六个字看似简洁，却包含着严谨的视觉美术与科学，需要从平面构成、立体构成、色彩调和等方面展开多角度思考（图 1.39）。

“构成是对作品内艺术元素以及元素的结构进行的有目的性的协调，使之达到具体的图画效果。”——康定斯基《点线面》

当人体处于着装状态时，可以将其固定角度的静止状态看作是一个画布。服装上的装饰即画布上的陈设，当着装者走动或转动时，色彩、线条和块面像连续放映的影片一样呈现在我们眼前，形成服装特有的审美效果。因此，服装各个角度的呈现都包含了绘画需要思考的内容，如构图、布局等。同时，这些“画布”组成了一个活动着的整体，“画布”之间不是割裂的而需要同步管理、相互协调。 因此服装中的各种元素彼此关联，设计在保持动态协调的前提下，可以通过调整单个或多个元素的排列、组合方式而产生各种变化（图 1.40~ 图 1.42）。

图 1.39　漫画：糟糕的构图 = 糟糕的设计
图 1.40　Marques Almeida 2024 春夏时装 1
图 1.41　Marques Almeida 2024 春夏时装 2
图 1.42　Marques Almeida 2024 春夏时装 3

40

41　42

当注视一个向我们走近的着装者时,我们的观察顺序通常是先看到廓形,然后是色彩(以及图案),最后是材质。廓形是服装占据空间的状态,它通过面料的悬垂、堆叠或相互支撑形成特定的形状。无论紧窄的或宽松的,服装呈现空间的大小取决于廓形的大小,廓形设计可以作为款式设计的首要出发点(补充说明:服装的图案设计一般会在考虑廓形的情况下同时进行)。以下通过廓形设计的排列组合变化生动说明设计动作的灵活性:

43

1. 排列

同一个三角形通过重复排列获得不同的造型效果(图 1.43)。

2. 变化

原三角形经比例变化产生不同的三角形,再以同样的方式排列产生了更丰富的变化(图 1.44)。

3. 组合

不同几何形通过交叉组合获得多样化的造型组合(图 1.45)。

44

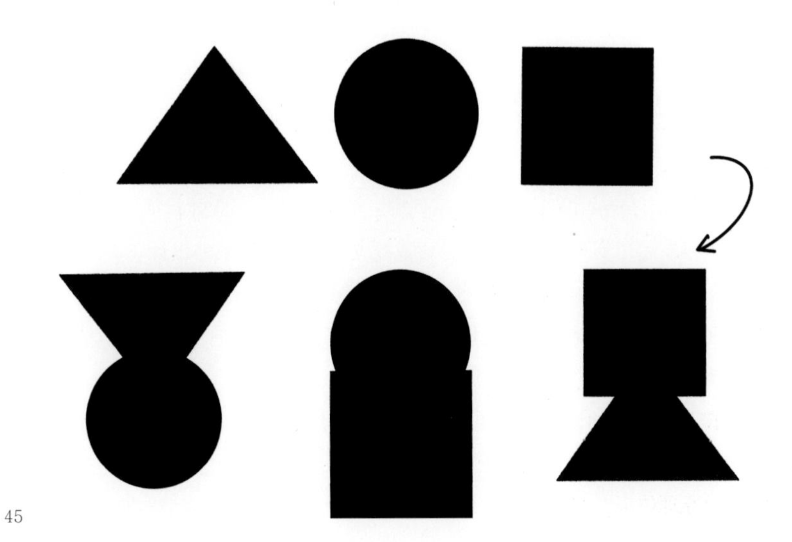

45

图 1.43 漫画:排列
图 1.44 漫画:变化
图 1.45 漫画:组合

三角形、圆形、方形是服装廓形的基础造型单位，可通过变化运用组合出多种款式廓形（图 1.46）。

图 1.46　漫画：几何形的设计运用
图 1.47　Iris Van Herpen 2015 春夏时装组图
图 1.48　Pedro Lourenco 2013 秋冬时装组图

46

同样，色彩（图案）、材质（肌理）也可以进行相似的排列组合变化，组合出不同的视觉效果。

在 Iris Van Herpen2015 年春夏系列中，可以看到一个立体构成的细节以不同的比例和布局被运用到不同的款式中，形成既变化又统一的系列设计（图 1.47）。

从 Pedro Lourenco2013 年秋冬发布的这组服装设计作品中可以看到，相同的面料肌理经过色彩的变化和位置的调整被运用到不同的款式中，形成风格统一的系列设计（图 1.48）。

这些排列、组合的设计逻辑源于现代艺术设计概念中的“构成”。设计构成的基本理论在 20 世纪上半叶被德国包豪斯设计学院广泛运用并发展成熟。有关构成的形式美学原理体现在服装设计上，诸如“变化与统一”“对比与和谐”“对称与均衡”等理论可以被简要概括为“秩序与反秩序”。由于审美偏好，我们在生活中对秩序感的追求比比皆是，养眼的画面、悦耳的音乐、大团圆结局的电影，在这些事物中都能找到秩序感所引发的感官作用。另类的音乐或影视作品通常挑战或打破了人们感官所习以为常的秩序感，制造了所谓“流行”与“小众”的概念差别，事实上两者仅仅是秩序与反秩序的差别。

47

48

49

50

这种现象在时装中也一样普遍，如川久保玲的解构服装设计作品直接打破了人体积木的搭建秩序，将自然人体的形态夸张、重塑，意在突破“人体之美”的固有观念（图 1.49）。如此另类的设计表达设计师个人理念的同时也挑战了人们的审美习惯，因为熟悉的秩序感被颠覆了。而 Christian Dior 的 A 型上衣则更容易获得大众审美的好感，尽管它也在比例上做了夸张但依然符合自然身体形态的秩序感（图 1.50）。

秩序感较善于营造愉悦的感官体验，反秩序则容易给人留下深刻的印象。理解了秩序与反秩序的作用，就很容易看懂时装设计中的那些所谓大众化和小众化作品背后暗藏的逻辑（图 1.51）。

通过以上图例不难理解，有限的服装元素可以通过“排列、变化、组合”的设计动作被“搭建”出不同的款式。学习者首先要认识这些能够被用于排列、变化、组合的“积木”（设计元素），在此基础上加以实践和试错才能理解秩序（积木的搭建方式）对设计结果产生的强大作用。

51

图 1.49　川久保玲服装作品 2

图 1.50　Christian Dior 20 世纪 50 年代服装

图 1.51　相对于正三角造型，倒三角的裙装无论是设计还是穿着都更难以驾驭，因为它不仅在工艺上要对抗重力，且在视觉上也是反秩序的，然而也正因为如此，左边的倒三角样式更具有视觉张力。

四、底层逻辑——创意的真相

“熟悉的不熟悉 ”

“创意”正以各种产品媒介成为当代的主要消费品之一，服装设计中的创意也是一样。T 恤衫的基本款可以连续 10 年都不需要太多改变，而印花图案的创意或翻新却可以不断为朴素的 T 恤增值，对创意印花的消费甚至可以成为人们购买 T 恤衫的主要动机。 独特的创意往往能让作品在花样繁多的产品中独树一帜。

我们不会因为在商场里遇到食人哥斯拉而感到有创意，也不会认为镶满钻的汽车是富有创造力的表现。 设计中的创意通常不是来自惊世骇俗的事物，而是来自熟悉事物的不熟悉的组合方式。比如，“被啃咬过的苹果”或“带有波点的裙子”，这两者都是我们所熟悉的日常事物，它们的出现并不会让人产生趣味感。但如果交换一下——“被啃咬过的裙子”和“带有波点的苹果”，一种富有创意的画面就产生了（图 1.52）。

图 1.52　漫画：“熟悉的不熟悉”

52

对于创意的运用，初学者容易进入两种误区，一种是“语不惊人死不休”，认为创意必须是一种前所未有的事物，需要设计师从无到有地去制造出来，于是学生们经常做出“用力过猛”的设计作品，如用到惊悚的、恐怖的元素或难以捉摸的晦涩概念；另一种误区是“欲赋新词强说愁”，因为缺乏创意思维只能牵强地拼凑元素，产出大量草率的作品。

创意的过程是把多个事物进行关联的过程。 好的创意是发现并表达事物间一种看似陌生而又巧妙的内在联系。 各种有关“灵感”“风格”“主义”的描述让今天的时尚显得华丽无比、高深莫测，而事实上如果理性地归纳一下，时装的变化看似目不暇接，然而所用到的灵感来源可以用三种类型来归纳（图表 1）。

图表 1

自然之美	以包括人在内的自然物象特征为审美对象
人文之美	以社会文化内涵为审美对象（科技、艺术行为、社会事件等）
以上的混搭	人体之美 + 自然之美
	人体之美 + 人文之美
	人文之美 + 自然之美

创意可以是以上题材元素的直接运用或相互之间的交叉、融合、互借。独特的灵感往往来自生活中的所知所见和丰富的感官体验信息，通过有意识地让信息相互“碰撞”获得概念的“耦合”，一些有趣的思路被呈现出来。

川久保玲在设计实验中将一条裙子所形成的物理空间作为研究的对象进行多种尝试。当空间变化了，廓形和线条也发生了相应的变化（图 1.53）。

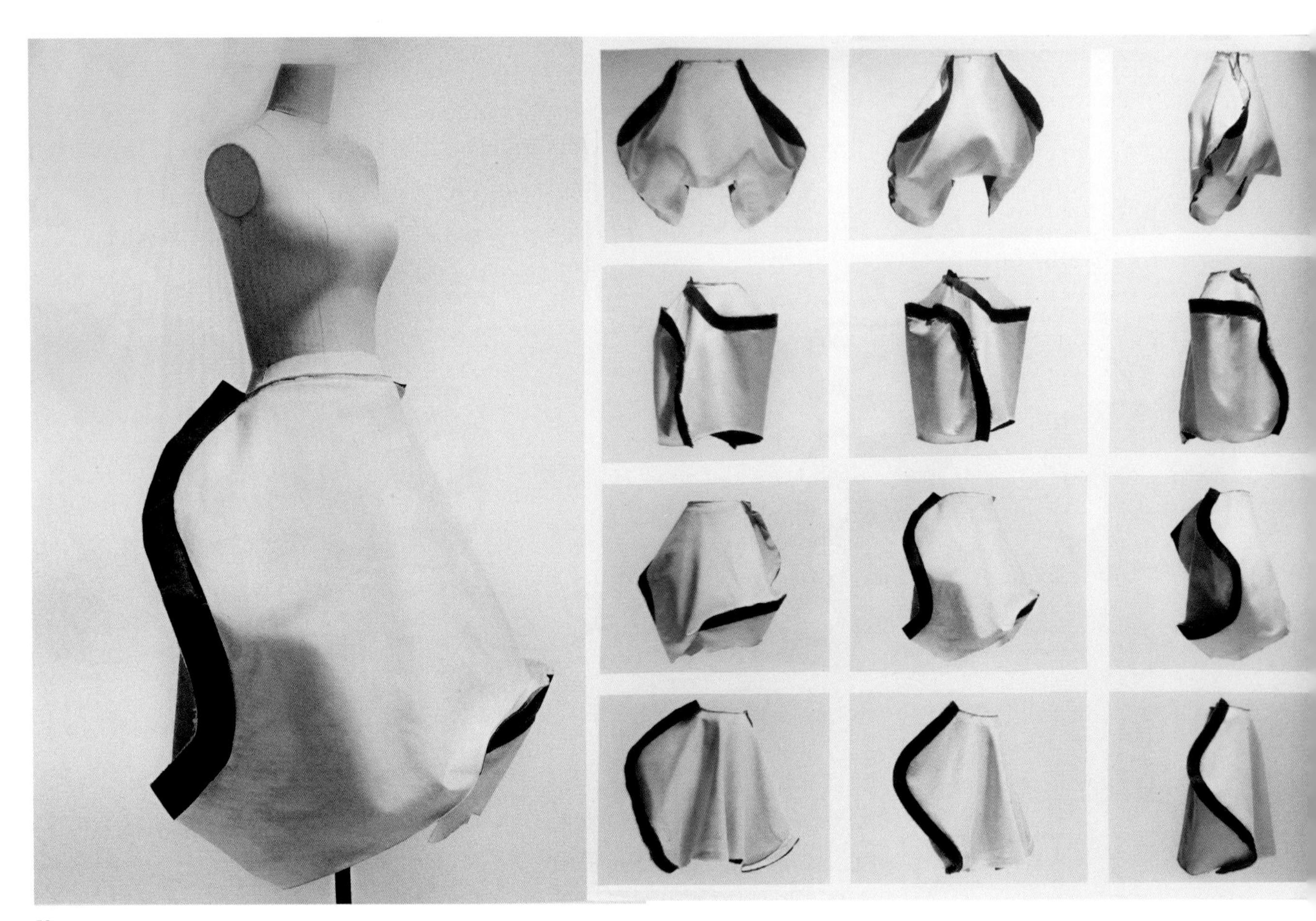

53

图 1.53　川久保玲的服装作品

本章总结

时尚潮流翻滚的只是水面上的浪花，底下隐藏着的暗涌约束着浪花的大小和流动方向。人体作为服装构成的服务对象，其轮廓、骨骼、肌肉等自然形态引导着服装上的点、线、面的排列以及组合与变化，它们是服装造型设计万变不离其宗的“设计的源代码”。制造秩序或打破秩序是时装设计经久不衰的游戏规则。要快速建立底层认知，首先需要抛开繁杂的理论，先从服装的构成元素开始，来一场有趣的“搭积木”游戏。

第二章　实操篇——脑洞大开

一、初阶练习：积木整理

——元素的分解归纳

（一）认识“积木”——了解基本概念

外部廓形、内部结构、装饰部件、材料质地、色彩图案的基本概念。

1. 教学内容

（1）服装的廓形

廓形是服装的立体空间构成，即利用面料的力学与美学特点，将单块或多块面料依附于人体进行固定与组合所形成的空间形态。廓形包含了两种空间量，一种是服装与人体之间的空间量，另一种是着装时，服装占据环境空间的量。从物理角度，我们可以把廓形理解为着装者占据空间的状态。廓形的设计即对“空间形态”的设计。从人体的角度，可以把廓形分为“近身型”和“离身型”。

近身型指的服装与人体之间的空间相对较小，服装的多个维度比较接近人体的实际围度。日常生活中的工作正装通常都是近身型的，它们能塑造良好的修身效果但又保持着一定的舒适性。近身型的极端例子如鱼尾晚礼服或泳装，因穿着的需要，它们的局部构造甚至要小于人体的实际围度以获得较好的着装效果。近身型服装在结构上比较依赖于附着人体来实现修身造型（图 2.1~ 图 2.3）。

图 2.1　Alexander McQueen 2021 春夏时装 3
图 2.2　Pedro Lourenco 2013 秋冬时装
图 2.3　Gabriela Hearst 2024 春夏时装

1

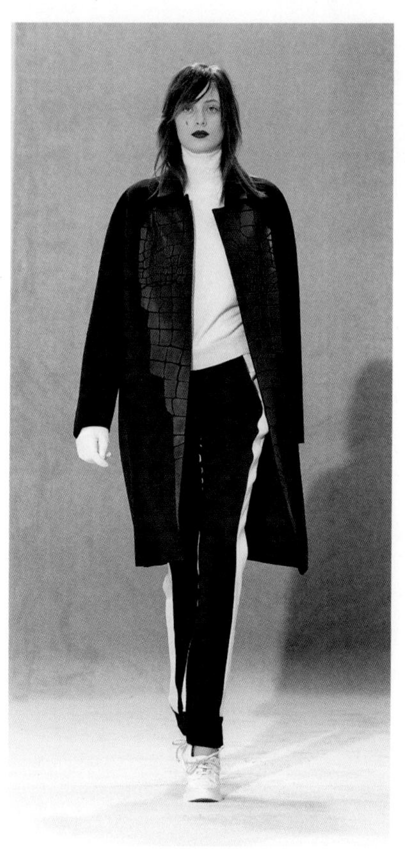
2

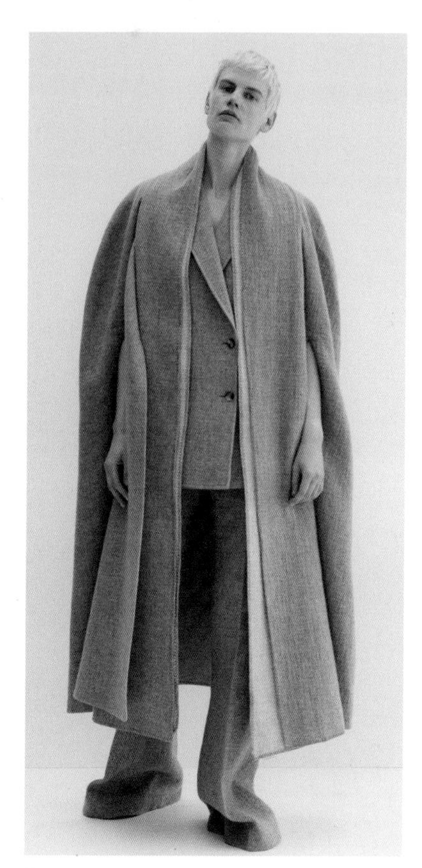
3

离身型指的是服装与人体之间的空间相对较大，服装的多个维度都远远大于人体的实际尺寸。 日常生活中的冬装大衣通常都是离身型。 离身型服装由于脱离身体形态的约束，具有更丰富的设计空间和表现力，可以在人体的基础上塑造完全不同的或多样化的造型。离身型的服装由于附着人体的面积较小，需要依托材料自身的张力或裁剪工艺来塑造（图 2.4、图 2.5）。

4

5

图 2.4　Rami Al Ali 2024 春夏时装 2
图 2.5　Rami Al Ali 2024 春夏时装 3

近身型和离身型的设计手法可以完全独立运用也可凭借组合的方式出现。如图2.6、图2.7所示，Ashi Studio 2021年发布的高定女装分别采用了近身型的鱼尾裙和离身型的外套。同一个品牌在当季产品中通常会同时出现近身型和离身型款式，这样的做法一方面通过不同的造型来表达主题，增加系列设计的视觉丰富度；另一方面也能为客户提供不同类型的选择。

图2.6　Ashi Studio 2021 女装设计1
图2.7　Ashi Studio 2021 女装设计2

6

7

（2）服装的结构

结构是用于实现服装廓形的分割与拼接方式。

举例来说，当我们试着用不同的方式剥开一个橘子，橘子的皮因为分割方式的不同会产生如十字形、S 形、8 字形等不同的形状。将每一种分割方式所产生的橘子皮重新拼合在一起又能得到一个立体橘子的形态，拼合线就构成了立体橘子的结构线。如果与不规则的分割手法组合就能获得变化更多的结构线，这便是实现橘子廓形的结构设计（图 2.8）。

人体当然比橘子要复杂，但不外乎是多种几何体的结合。服装的廓形根据近身型或离身型产生的多种变化，都可以通过表面形态的分割和组合实现，如图 2.9、图 2.10 所示，在 Talbot Runhof 2013 春夏系列中，两款合体连衣裙的廓形几乎相同，但是衣片的结构方式不同形成了不同的拼色效果。服装廓形在工艺上是否能实现，受控于结构力学和材料工艺，而其造型是否受大众喜好则由审美和流行文化因素决定。服装结构不能离开人体孤立地存在，需要结合人体的支撑才能实现理想的立体效果，因此，结构线的设计是一项感性与理性相结合的工作。

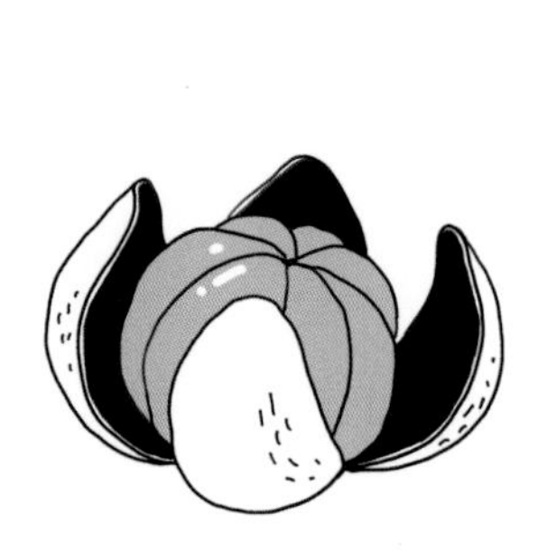

8

图 2.8　漫画："橘子皮的分割"
图 2.9　Talbot Runhof 2013 春夏系列 1
图 2.10　Talbot Runhof 2013 春夏系列 2

9

10

这就是在进行立体裁剪之前需要给人台贴上标志线的原因，因为通过分割人体体表的形状，可获得基本的人体廓形结构，设计在此基础上开展一系列的变化才有迹可循。

（3）装饰部件

服装部件通常指那些不影响服装廓形的外部装饰，如领部的蝴蝶结、裙摆的折边、袖口的搭扣、口袋等（图 2.11）。Christian Dior 2016 春夏女装设计中多款服装用到了同样的弧形边缘的装饰细节（图 2.12、图 2.13）。部件通常不受力，以叠加或镶嵌等方式附加在服装主体上。

11

图 2.11　服装部件组图
图 2.12　Christian Dior 2016 春夏女装 1
图 2.13　Christian Dior 2016 春夏女装 2

12

13

相对服装结构的严谨性而言，服装部件的装饰运用具有更大的自由度。如图 2.14 中的系列设计使用了连续的荷叶褶作为装饰部件，通过变化装饰的位置扩展出不同的款式并形成了系列设计，但荷叶褶的样式是统一的。服装装饰部件作为设计元素——“积木”，可以通过位置、比例变化或与其他元素的搭配组合来开发系列设计，但如果运用不当也会容易破坏服装整体的结构和廓形美感，产生凌乱或堆砌感。

（4）服装的材质

服装材质是指用于制作服装的材料及其属性。不同的材料具有不同的表现力（图 2.15），同一种材料也可以通过工艺手法塑造出变化的质地，用同一块丝绸面料制作的服装可以是光滑挺阔的，也可以是蓬松朦胧的。设计师仅用单一的材料品种，通过面料肌理再造就可以获得丰富的质感变化（图 2.16、图 2.17）。不同的面料和纹理会影响色彩的呈现方式。例如，光滑的面料可能会使颜色看起来更亮，而粗糙的面料可能会使颜色看起来更暗。

14

图 2.14　服装部件：不同装饰学生作业节选（作者：张镭议）

图 2.15　不同面料的不同质感

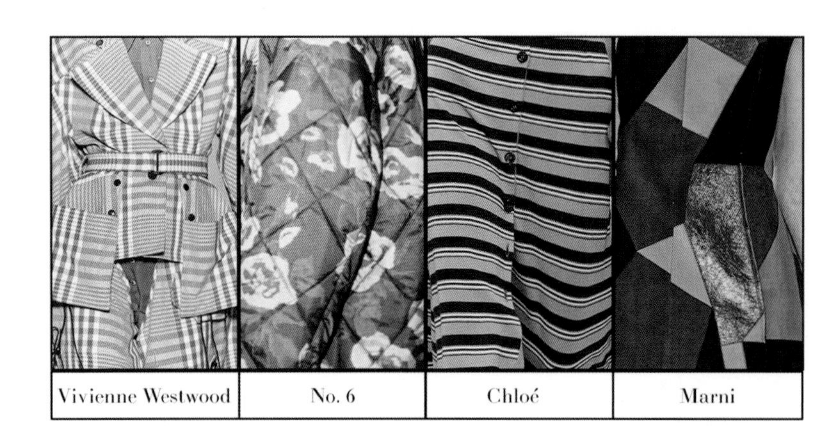

15

16

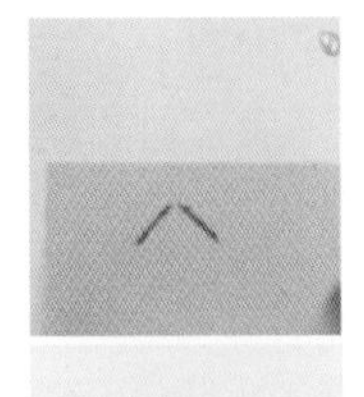
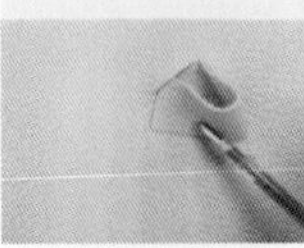
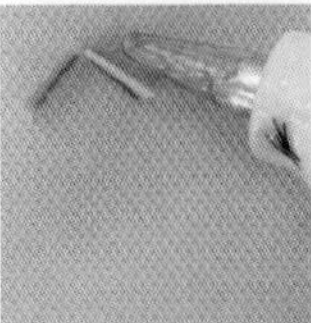

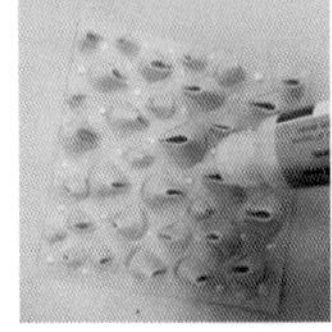

❷

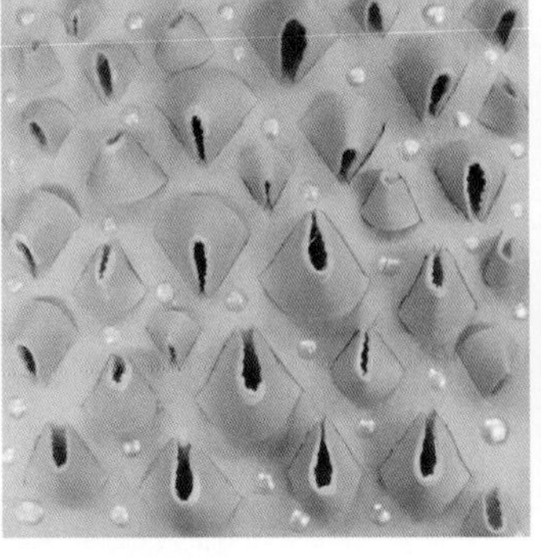
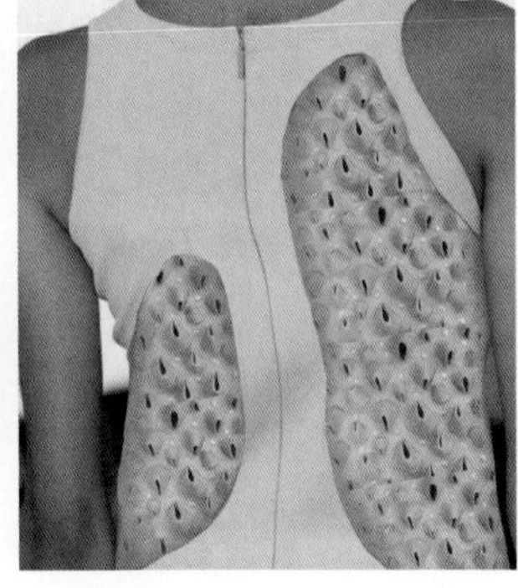

17

事实上，服装材料学是一门庞大的学科，涉及材料的成分、织造方法、舒适性等多方面知识，对服装材料运用技巧的掌握离不开理论和实践结合的系统学习过程。单从视觉构成的角度而言，初学者应理解服装材料有重量和肌理的差别，如轻薄的、厚重的，光滑的、毛绒的等。这些因素直接影响了服装廓形和艺术风格，是决定造型的组成要素之一（图 2.18）。

图 2.16　面料再造作业节选（作者：沈丹怡等）
图 2.17　面料再造作业节选（作者：李慧慧）
图 2.18　漫画：面料的多种质感

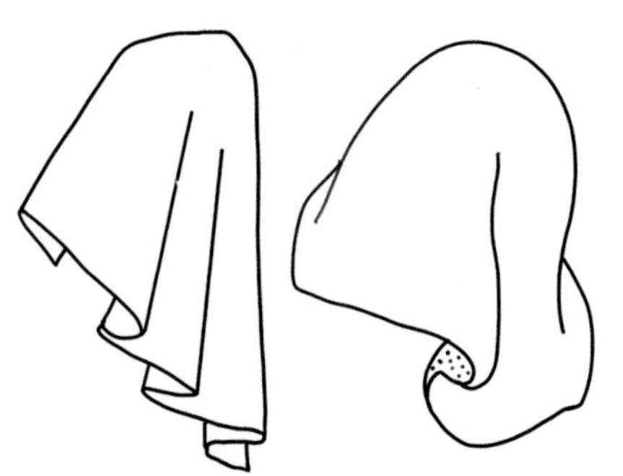

18

（5）服装的色彩与图案

服装色彩是指服装的外观属性之一，受到很多因素的影响，比如人的体型、穿着场合、文化背景等。服装的色彩同时也是服装材料的色彩，是材质属性中的一部分，可以影响服装的整体风格、情感表达和搭配效果。服装设计中的色彩主要有以下两种重要属性：

1）装饰性：色彩本身对服装具有装饰作用，优美图案与和谐色彩的有机结合，能在同样结构的服装中，赋予不同的装饰效果。

2）社会属性：它不仅能区别穿着者的年龄、性别、性格及职业，而且也显示了穿着者的社会地位。服装的地域和文化特点会形成民族色彩偏好与区域性特色。

图 2.19　色彩调子练习作业节选 1

图 2.20　色彩调子练习作业节选 2

（作者：郭傲 朱华颖 刘玟 李丽丽 赵思涵）

短调

Loewe 2022SS

Valentino Fall2021

Jil Sander2021AW

短调

Loewe 2022SS

Valentino Fall2021

Jil Sander2021AW

高短调　　中短调　　低短调

19

色彩的呈现效果与介质以及与人眼感知颜色的原理密切相关，同组色彩的不同排列组合可以制造出差异化的视觉效果，同一种材质的色彩变化也会影响服装的整体风格，这正是设计师工作的重点所在，即把控色彩与色彩之间的关系以及色彩与材料介质之间的关系。

图 2.19、图 2.20 显示了色彩调子在服装中的运用。“中长短调”是用于区分色彩明度对比程度的术语。“短调”是指色彩明度反差较小的颜色组合，即当一组色彩的色相完全不同，但都处于明度接近的范围，其搭配组合通常都会具有和谐的效果。相反，“长调”则属于色彩明度反差较大的颜色组合，通常如果一组颜色的明度反差较大，则降低色彩纯度会更容易营造和谐感。“中调”是介于两者之间的调和方法。

中调

Sunnei 2022SS

Huishan Zhang 2022SS

Jil Sander2020SS

长调

Tanya Taylor 2019Fall

Jil Sander 2022SS

Loewe 2022SS

20

图 2.21　Emilio Pucci 2022 春夏时装
图 2.22　Valentino 2024 春夏时装
图 2.23　Balmain 2024 早秋巴黎女装晚礼服 1
图 2.24　Balmain 2024 早秋巴黎女装晚礼服 2

21

22

23

24

由于色彩构成本身是一个较为庞大的独立的体系，服装色彩仅是它的延伸运用，本书不对色彩构成的系统理论展开详细论述，仅通过高频应用规律列举服装色彩的运用案例，用以说明服装色彩搭配的基本手法。

应明确的是，无论色彩如何变化，它都是搭建服装视觉效果的组成部分之一，可以和其他元素一起通过组合产生款式变化，认识并运用好这块“积木”对日后的实践非常重要。

图案是服装常用的装饰手法之一，服饰图案本身涵盖了对色彩的运用，两者通常密不可分。抛开色彩的因素来看，图案在服装上形成明暗变化的块面或纹理进而对服装起到装饰作用，加入色彩因素后效果则更为丰富多变（图 2.21~ 图 2.24）。从图案质地来说，服装的图案可以由平面感的印花、浮雕感的贴布、立体感的编绣等多种工艺手段实现。

如图 2.25 中，Area are 2018 年春夏的女装系列，尽管结构和廓形完全不同，但设计师通过高彩度的图案统领了整个系列。

在不改变廓形和结构的前提下，仅通过服饰图案的组合搭配也可以获得丰富的款式变化（图 2.26）。这就是服饰图案作为“积木”的意义——通过元素组合搭建不同的外观。

图 2.25　Area are 2018 春夏女装
图 2.26　课程作业节选（作者：许凯莉）

25

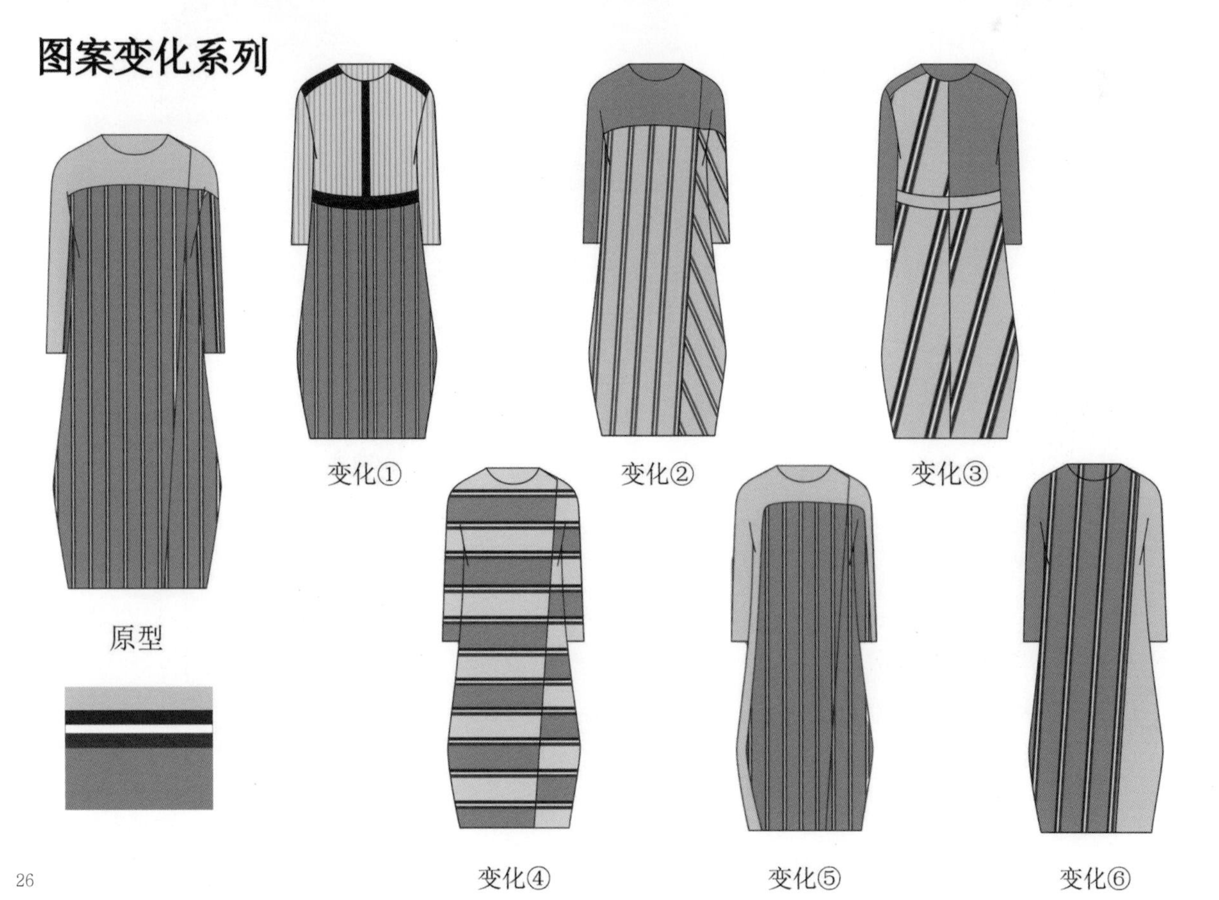

26

（二）整理“积木”——归纳“积木”的类型

下面讲述外部廓形、内部结构、装饰部件、材料质地、色彩图案的基础类型。

对于生活在今天的现代人而言，无论服装呈现出怎样光怪陆离的样貌，都可能算不上什么新鲜事物。到 20 世纪末，现代服装尤其是西方流行服饰的样式和设计元素，已陆续被创造出来并随着潮流的往复而不断被循环运用。本世纪的设计师不需要像创造全新事物一样，从无到有地去构想一件服装的样貌，只需要了解服装的基本元素和流行规律并加以灵活运用便可以设计出千变万化的服装款式。认识服装的基本组成要素并对已经出现的元素或样式进行分类和归纳，是学习设计必须做的功课，也是在构建设计师大脑中的图像信息库。虽然数字技术可以高效地为信息处理带来便利，但在学习初期，观察、分析、归纳设计信息对培养自己的审美和判断力是必要的。

1. 教学设计

1）讲解训练目标、内容和方法

2）教师通过图片分析为学生梳理不同的“积木”类型

3）通过示范引导学生收集并整理自己的“积木库”

4）练习过程指导

5）练习作品分析和评价

2. 教学内容

（1）廓形的主要分类

A，H，X，Y，O，T（图 2.27）；服装廓形的变化并没有绝对的限制，但是商业设计中较常见的运用规律为：

70% 近身型 +30% 的离身型 = 基于人体基本型的多种变化型（图 2.28）。

AHXYO

27

图 2.27　漫画：廓形的“字母代号”

图 2.28　图左、中为 Alexander McQueen 2021 春夏时装，图右为 Shang Xia 2023 秋冬时装

28

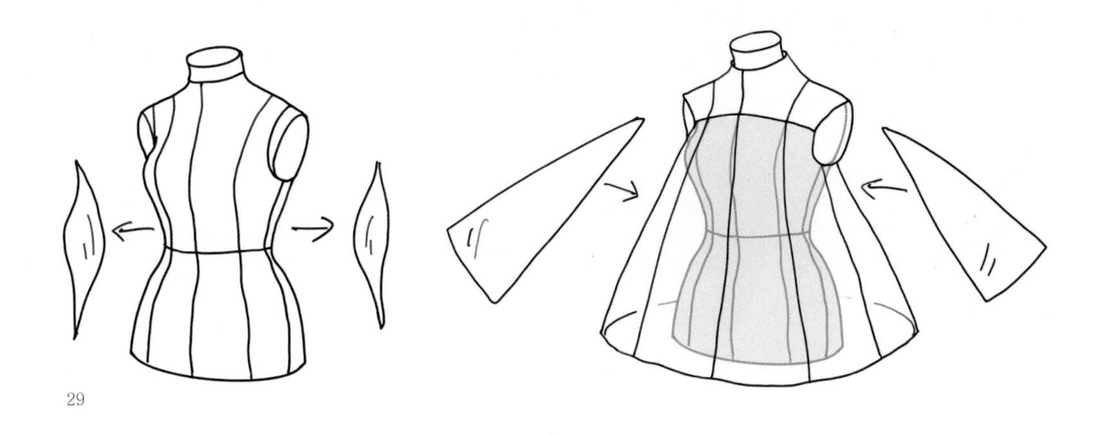

29

图 2.29　左：减法分割实现廓形
　　　　右：加法堆积实现廓形
图 2.30　漫画：常用的部件类型
图 2.31　漫画：单一部件的变化

（2）结构的主要分类

对材料进行结构化处理并获得廓形的方法主要有三种，如利用减法分割实现廓形（如近身型多采用面料分割）或利用加法堆积实现廓形（如离身型多采用面料堆叠包含对抗引力的堆叠和顺应引力的悬垂）（图 2.29），抑或前两种结构的结合。

（3）装饰部件的主要分类

领、袖、袋、花（饰物）（图 2.30），仅是一种便于记忆的归纳性称谓。如"袖"，并不仅限于袖口，可以代指所有与袖子紧密相关的结构造型或装饰手法；"花"指的是在服装主体上通过附加材料形成立体图案效果的统称。领、袖、袋、花（饰物）反映了服装的典型部件和会出现装饰的常用部位。

服装的细节可以千变万化，根据结构或装饰手法的变化规律来归纳是十分必要的。以领子为例，从服装占据空间的状态来看，也可以用离身型和近身型的概念来分类，如向外部延展的、向内部收紧的；从领面的比例来看，大致可以分为无领、立领、翻领、垂荡领。每一种又可以在边缘轮廓上叠加新的设计细节，如尖角、圆角、方角等（图 2.31）。将同样的思路运用在袖子、口袋、装饰物的素材整理上也可以找到很清晰的归纳思路。

30

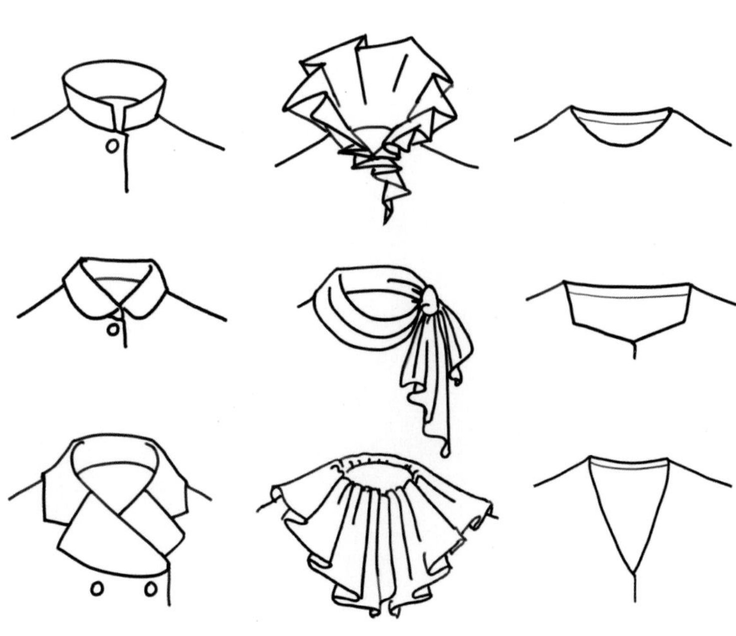

31

32

（4）材质的主要分类

不管服装面料的成分是丝绸、棉麻、化纤还是皮革，它们都会呈现出重量和厚度上的观感差别，如轻软透明的薄纱和挺阔厚重的牛仔，同一款服装采用两种截然不同的面料来制作会获得完全不同的效果，而材质对比也是常用的设计手法。Undercover2024 春夏时装中的一件白色西装外套采用不同厚度的面料进行拼接，微妙的层次感形成趣味性，如图 2.32 所示。

从服装材质的使用频率来说，可先从认识和熟悉以下几类常规面料的特点入手：

1）光滑的丝绸垂感面料，如色丁，款式联想：晚宴礼服

2）柔软轻薄的面料，如细棉布、网纱，款式联想：衬衫、内衣

3）厚实的棉麻面料，如牛仔、帆布，款式联想：休闲牛仔外套

4）亮光的合成材料，如 PU 面料，款式联想：防水风雨衣

5）亚光的皮革，款式联想：运动皮夹克

6）蓬松的皮草，款式联想：女士秋冬大衣

目前，合成皮革、皮草和天然皮革、皮草在外观上几乎可以做到无差别（图 2.33）。

图 2.32　Undercover 2024 春夏时装
图 2.33　不同的服装材质

33

(5) 色彩的主要分类

服装色彩和服装材料一样是极为庞大的知识体系。服装色彩搭配以色彩构成为理论基础，除了纯色面料的基本搭配技巧，比如相似色搭配、互补色搭配等的运用，带有图案装饰元素的配色会更为复杂。通常来说，高频出现的配色工作内容主要涉及冷色与暖色、同类色与冲撞色这两组类型的区分与搭配运用。初学者可从低难度的配色练习开始实践，如用深色与浅色搭配出层次感和立体感，用相似色搭配和谐感和统一感等，之后再逐步深入接触更复杂的系统色彩理论。

冷色与暖色是简单而笼统的称谓，它们是色彩波长的不同带来的人眼感受的差异。一般来说，红、橙、黄、棕等颜色给人以热烈、兴奋、热情、温和的感觉，因此被称为暖色；而绿、蓝、紫等颜色给人以镇静、凉爽、开阔、通透的感觉，因此被称为冷色。色彩的冷暖感觉是相对的，除橙色与蓝色是色彩冷暖的两个极端外，其他许多色彩的冷暖感觉都是相对存在的（图 2.34、图 2.35）。

图 2.34 冷色服装案例
图 2.35 暖色服装案例

Helmstedt

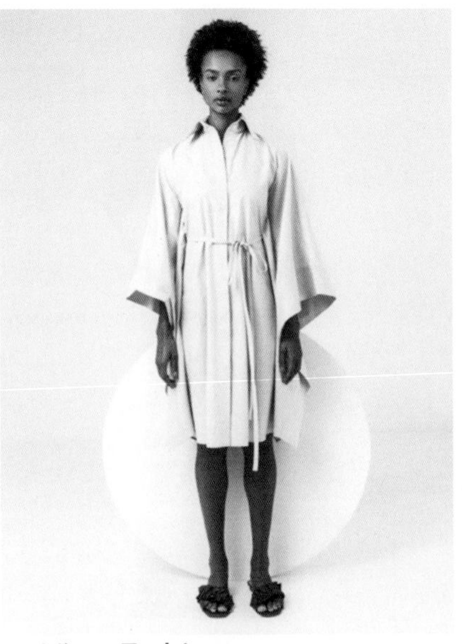
Vitor Zerbinato

Coach

34

Olenich

Carolina Herrera

Death To Tennis

35

同类色指的是色环中相隔角度在 30 度的颜色，它们对于视觉感官来说较为柔和，没有什么冲击力，会使人感到舒适，也比较容易运用，不会出错。同类色常用来调节明暗来增强层次感（图 2.36）。

冲撞色，通常指对比色或补色。在色环中，相隔 180 度的颜色被称为对比色或补色，它们具有强烈的对比效果，可以产生强烈的视觉冲击力（图 2.37）。在色彩搭配中，对比色的使用可以增加画面的活力和层次感，但也可能导致色彩过于刺眼或混乱。服装的色彩搭配可以与面料质地呼应配合，也可单纯以强调色彩视觉冲击为主要手法来统领服装风格。

了解了以上概念并对相关概念的图像加以收集和整理，形成自己的“设计资源库”，资源库中的材料就是你用来搭建新作品的“积木”。

图 2.36　同类色服装案例
图 2.37　冲撞色服装案例
以上两图为服装色彩练习作业节选
（作者：邹士杰 扈冰玉 刘延文 叶玮钰）

Olenich

Paul Smith

Jil Sander

36

Sportmax

Sunni

Jil Sander

37

3. 练习步骤

1）选择一款正面角度的时装图片作为原型款，对其所属的品牌、风格进行初步调研，拓展行业知识面，如图 2.38、图 2.39 所示。

图 2.38 选择原始款

图 2.39 相关品牌调研

巴黎
Autumn/Winter 2019
Louis Vuitton

38

39

2）观察款式的外观属性，尝试用关键词表述它的风格特点，如廓形特点、色彩图案风格等，汇总信息并整理成文字描述（图 2.40）。

40

3）针对原型款的结构、材质、色彩（图案）进行要素收集。尝试用手绘线稿记录款式的结构线和正背面视图，罗列面料特点、色彩范围等要素并整理成图文笔记（图 2.41~图 2.44）。

记录原型款式的结构
收集局部装饰部件的造型和特点
分析原型款的面料材质
罗列原型款的色彩范围

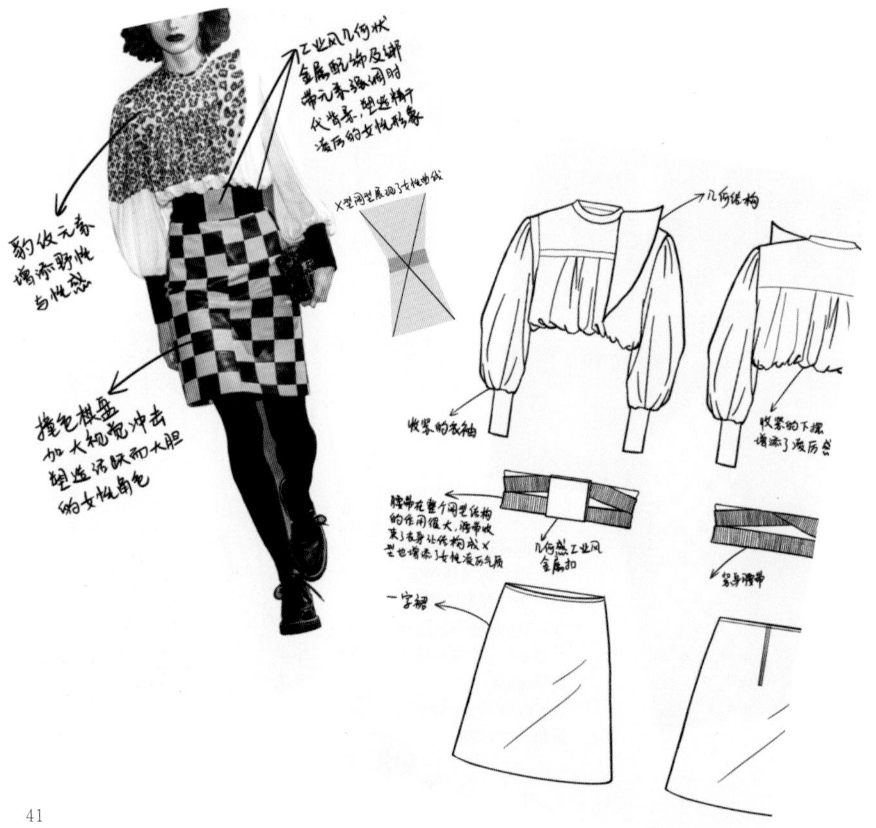

41

图 2.40　外观分析
图 2.41　图文笔记
图 2.42　线描结构图
图 2.43　色彩范围
图 2.44　面料材质分析及局部装饰特点

42

4）重复练习 3）并积累 5~10 个款式的要素，通过集合观察总结规律。

* 建议初学者从造型、材质简洁的款式开始练习。

4. 作业内容

根据教学内容练习“整理积木”，收集款式并选择 1~3 个进行设计分析，制作图文笔记。要求包含品牌或设计师信息调研、廓形分析、细节分析、面料色彩分析等。

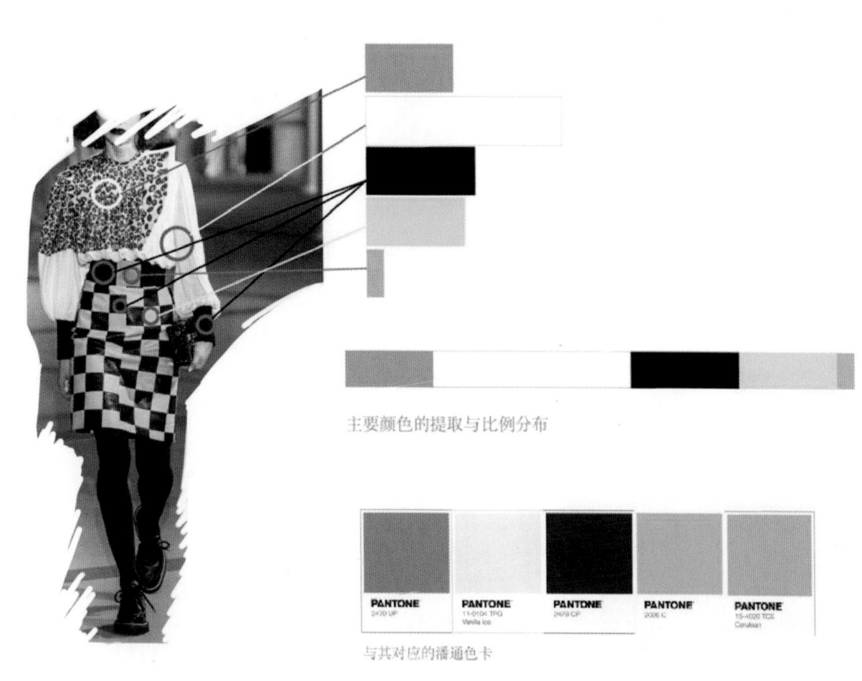

43

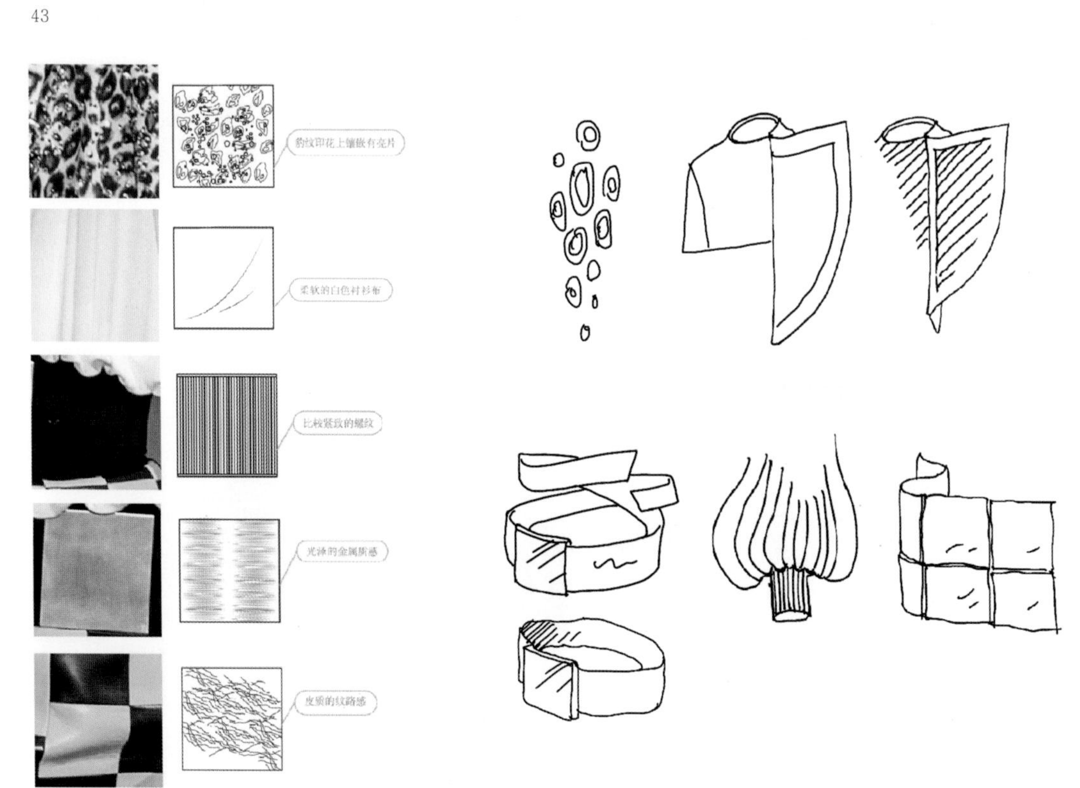

44

5. 作业示范（图 2.45）

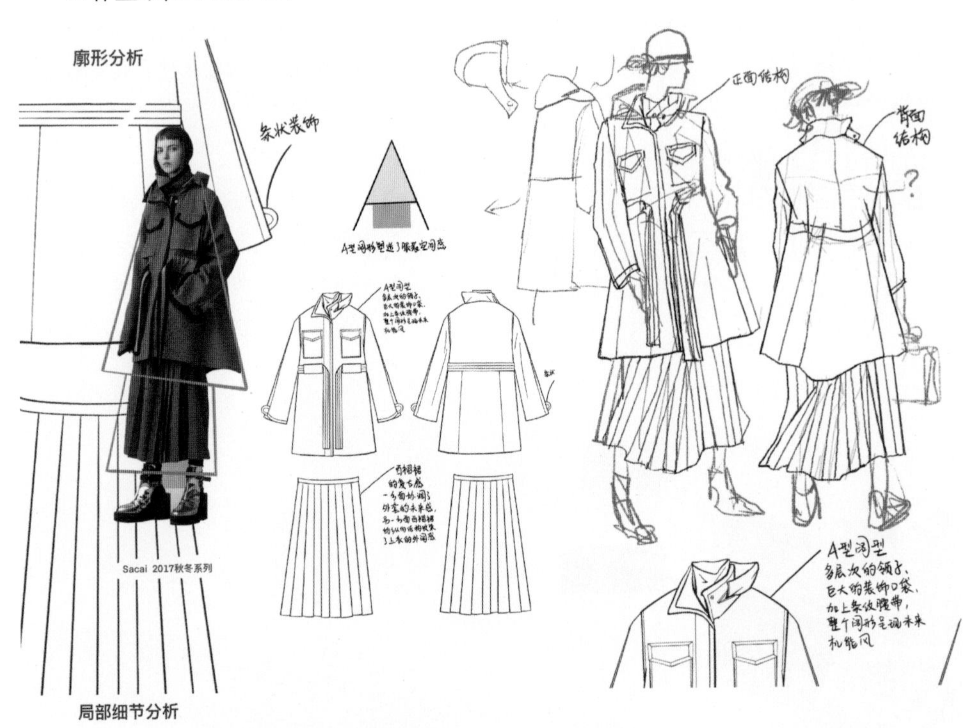

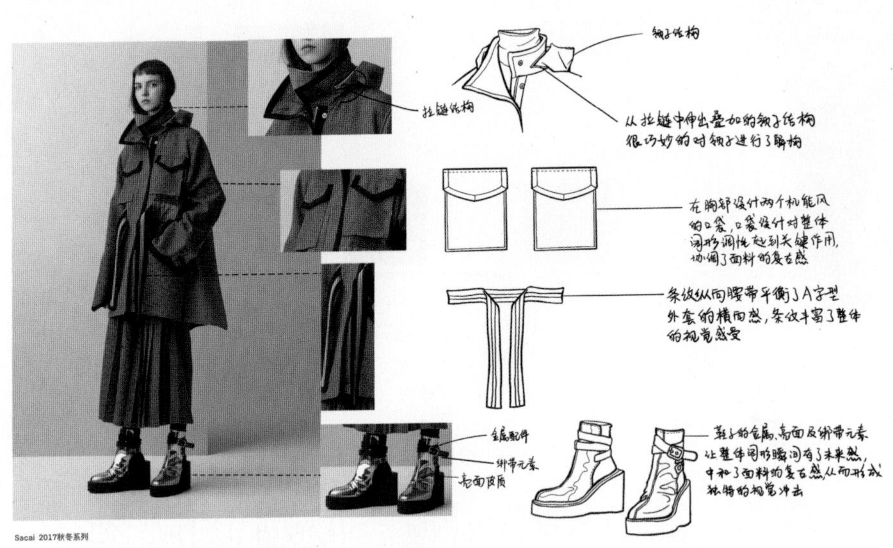

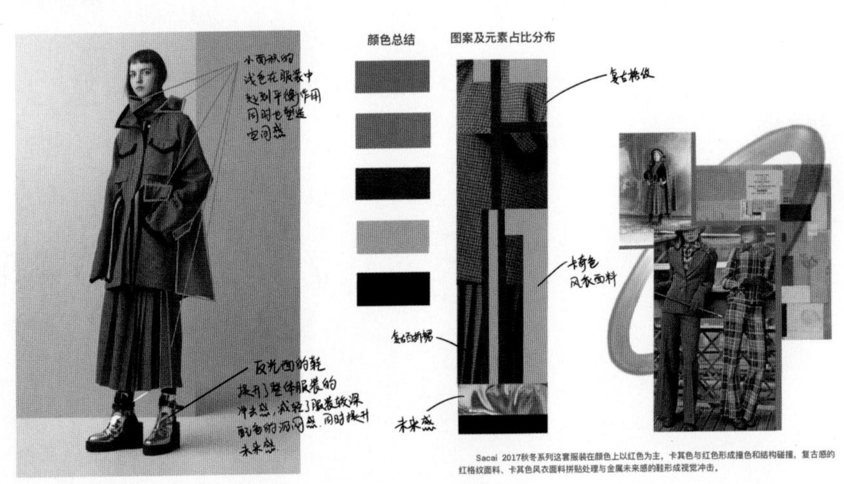

Sacai 2017秋冬系列这套服装在颜色上以红色为主，卡其色与红色形成撞色和结构碰撞，复古感的红格纹面料、卡其色风衣面料拼贴处理与金属未来感的鞋形成视觉冲击。

图 2.45 “整理积木”练习作业组图（作者：程钰雯）

(三)搭建“积木”——元素的排列

廓形、结构、材质、色彩(图案)元素的变化组合，服装的制版和工艺对于设计图稿的实现至关重要，脱离了服装工艺和结构的设计思考是纸上谈兵。尽管如此，对于初学者而言，在还不具备十分丰富的服装制作与工艺经验的前提下，以服装实物图片作为参照来进行设计积累是较为便捷有效的方法，因为已经制作出来的服装意味着其廓形和结构是经过了工艺验证并可以被运用到同类造型中。 通过学习前人的经验并在其基础上进行元素组合练习能够让初学者快速认识服装的造型思路，熟悉各种廓形与部件的组合关系，为新的设计构思找到参考依据，避免产生凌乱的系列作品与不合理的结构。

1. 教学设计

1)讲解训练目标、内容和方法

2)教师通过手绘、拼贴等方法为学生展示“积木搭建”的概念

3)作业示范

4)练习过程指导

5)练习结果分析和评价

2. 教学内容

在完成前一小节“积木整理”的基础练习后，通过教学示范引导学生进行“积木搭建”的练习。针对所选原型款式，在不增加新的设计元素的前提下，通过组合方式的改变获得新的设计方案，由一款变化出风格统一的系列款。

(1)廓形的变化

保持原有服装风格，仅调整服装外部轮廓以获得新的款式变化(图 2.46、图 2.47)。廓形变化可以考虑以下几方面：

图 2.46　Christian Dior 2014 秋冬女装 2 款

图 2.47　Rami Al Ali 2024 春夏女装 2 款

46

1）空间的比例

2）边缘轮廓形状

3）装饰部件的位置和大小

47

（2）结构的变化

保持原有服装廓形，通过修改结构方式以获得新的款式变化（图 2.48）。

48

图 2.48　Pedro Lourenco 2013 秋冬女装 2 款

（3）材质的变化

保持服装造型风格，通过材质替换获得新的款式变化，如图 2.49、图 2.50 所示。

49

图 2.49　Alexander McQueen 2021 春夏时装 2 款
图 2.50　Alexander McQueen 2024 春夏时装 4

51

（4）色彩的变化

1）保持服装原有配色种类，通过调整色块布局获得新的款式变化，如图 2.51 所示。

2）保持服装原有色彩关系，通过变化色彩种类获得新的款式变化，如图 2.52 所示。

52

图 2.51　Calvin Klein 2024 春夏时装 1
图 2.52　Calvin Klein 2024 春夏时装 2

Calvin Klein 2024 春夏男女装系列中不仅采用了相同色彩的布局变化，也有相同布局的色彩变化，而 Christian Dior 2014 春夏女装用色彩的属性和对比关系统领了款式风格（图 2.53）。

图 2.53 Christian Dior 2014 春夏时装

53

（5）图案的变化

保持原有图案元素，通过调整布局和比例获得新的款式变化

Alexander McQueen2024 年春夏的设计用到了花朵的图案，分别以不同的构图形式运用在多款服装上，如图 2.54 所示。

54

图 2.54　Alexander McQueen 2024 春夏时装 5

Christian Dior 2018 年春夏的设计在图案、廓形方面都有微妙的变化，用面料和色彩元素的统一营造了系列感，如图 2.55 所示。

55

图 2.55　Christian Dior 2018 春夏时装

3. 练习步骤

（1）廓形的变化

第 1 步：提取原型款的线描结构图，将线描结构图简化为黑白剪影，如图 2.56 所示。

图 2.56　廓形提取

图 2.57　廓形变化

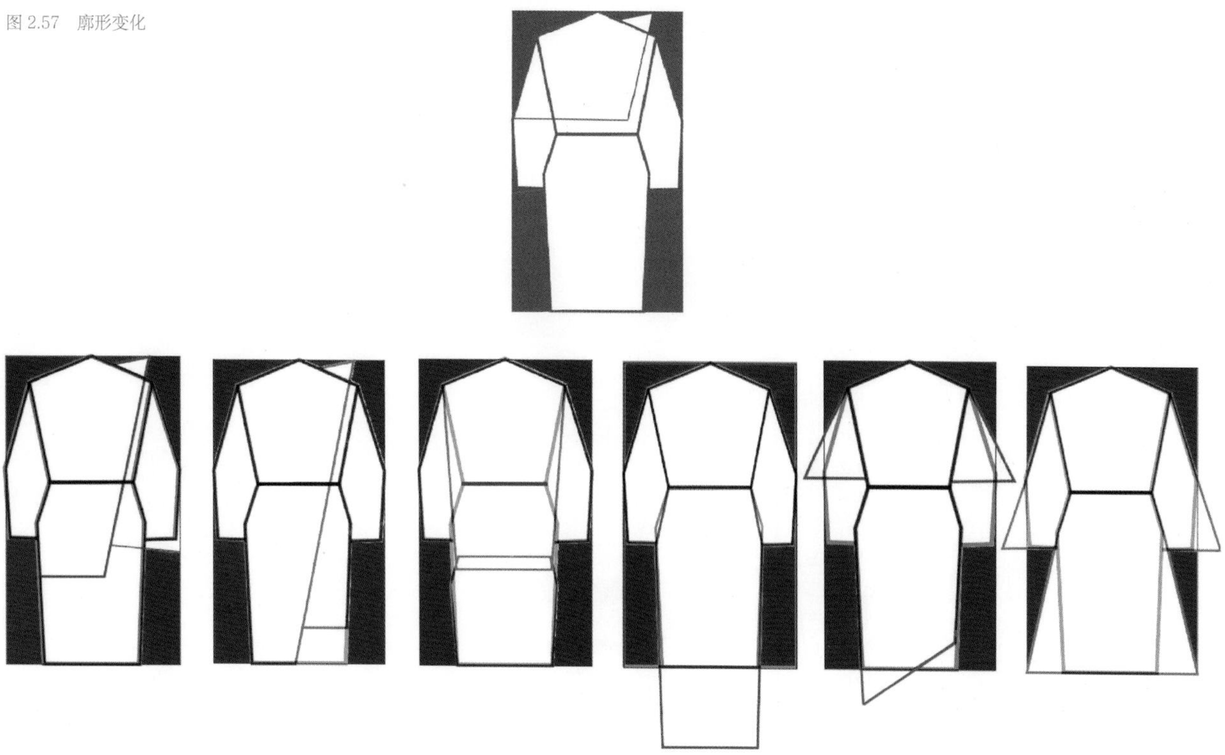

57

第 2 步：变化剪影的比例、轮廓、重心等细节从而获得多个新的剪影，调整剪影轮廓以获得新的廓形方案，如图 2.57 所示。

第 3 步：参考原型款线描图细节，将新的剪影还原为线描效果图，得到变化的款式，如图 2.58～图 2.63 所示。

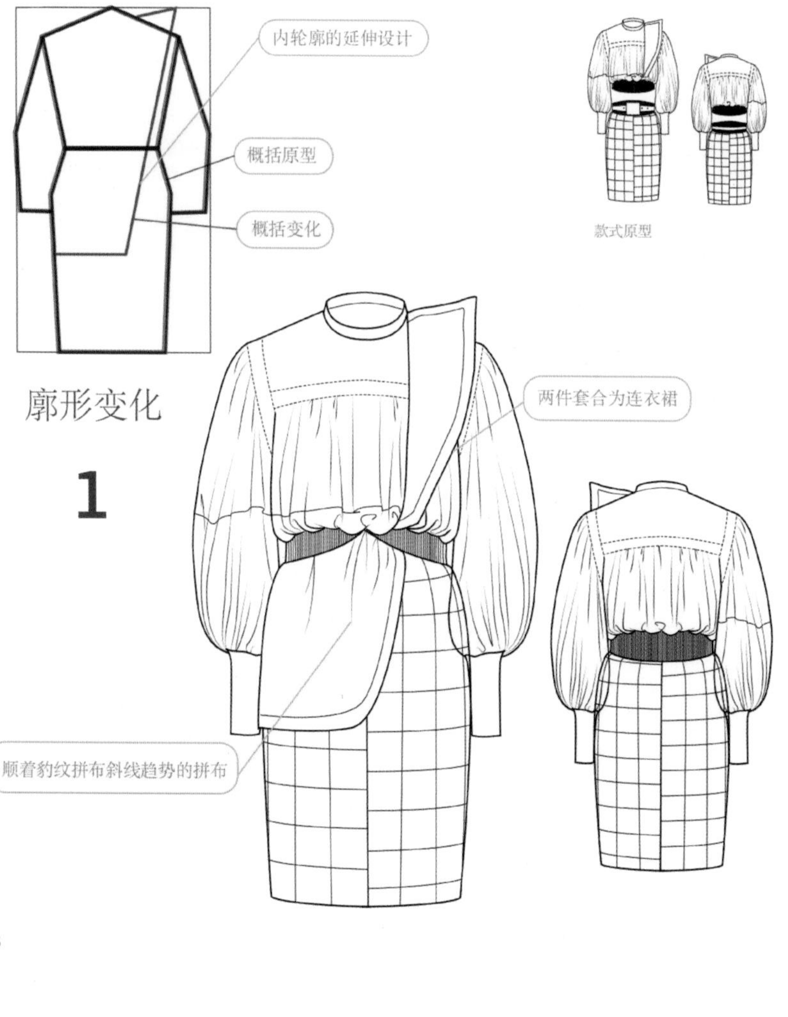

58

图 2.58　款式效果 1

图 2.59　款式效果 2

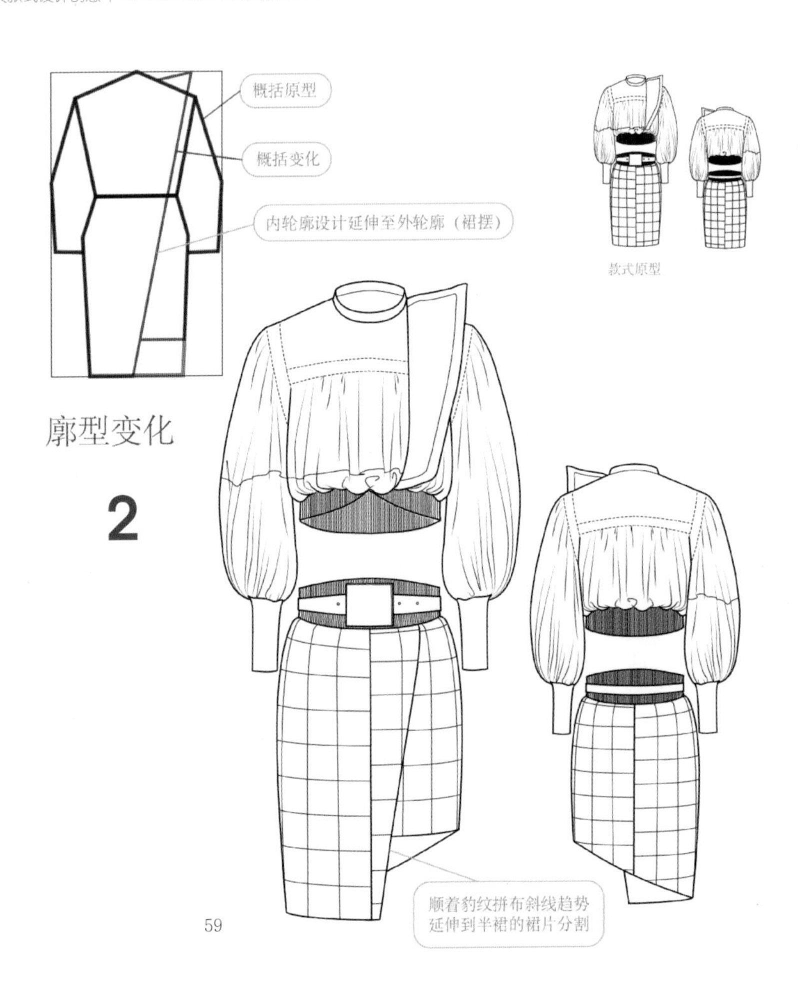

图 2.60　款式效果 3

图 2.61　款式效果 4

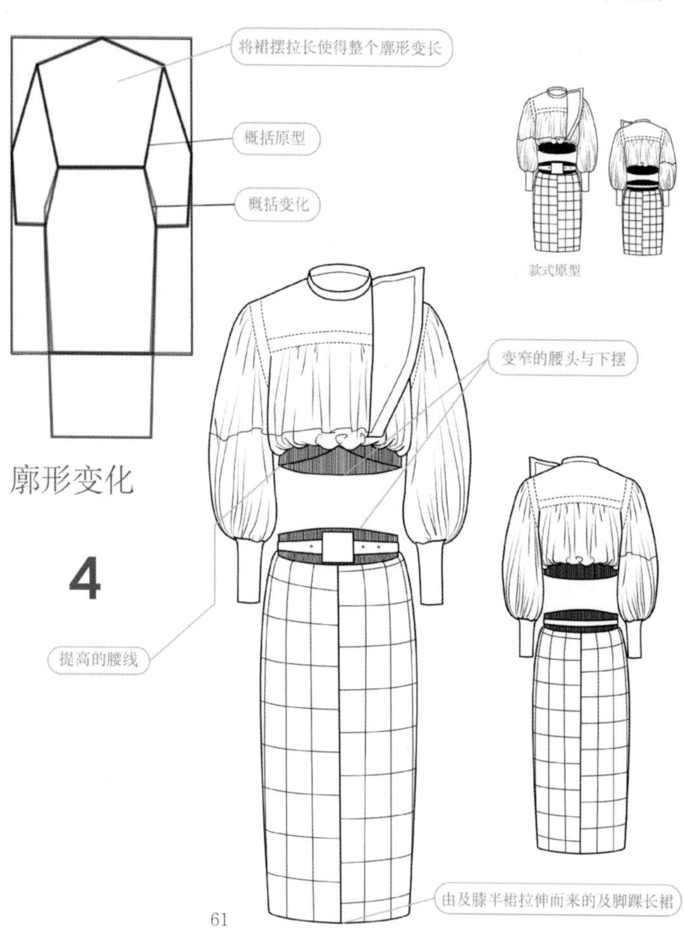

图 2.62　款式效果 5

（2）结构的变化

保持原有服装廓形，通过修改衣片的分割方式和结构线形态以获得新的款式变化。

第 1 步：分析原型款的构成方式和关键工艺部位。

第 2 步：依据原型款的廓形需要，采用不同的结构方案进行替换，如图 2.64 所示。

图 2.63 款式效果 6

图 2.64 结构变化示范

63

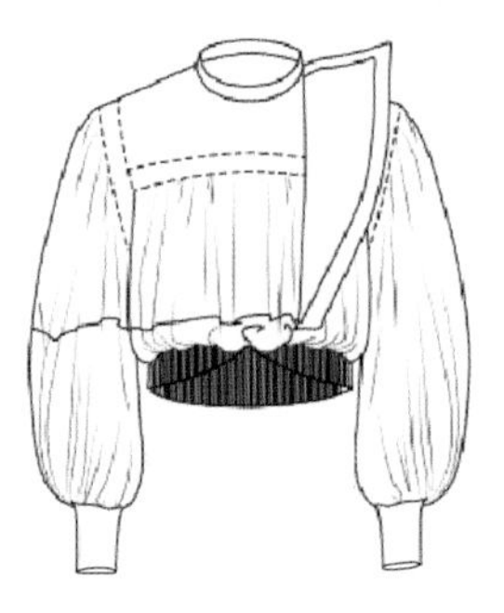

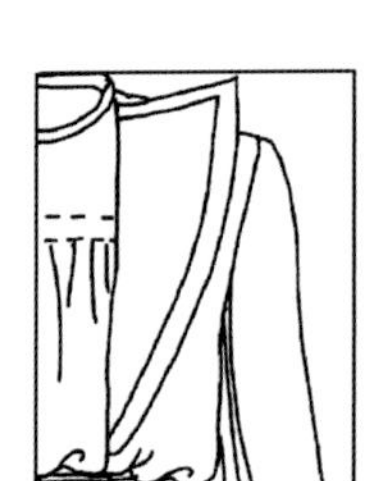
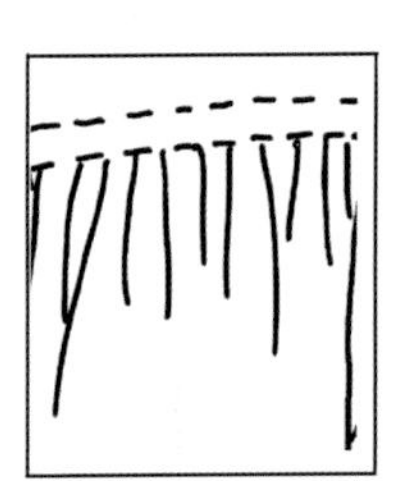
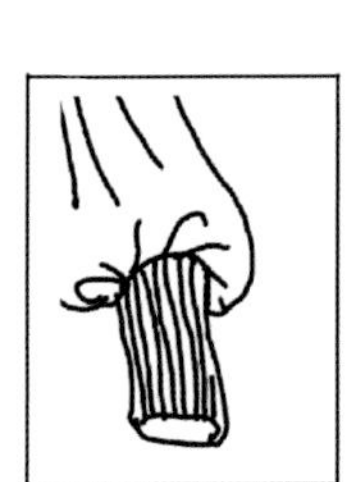
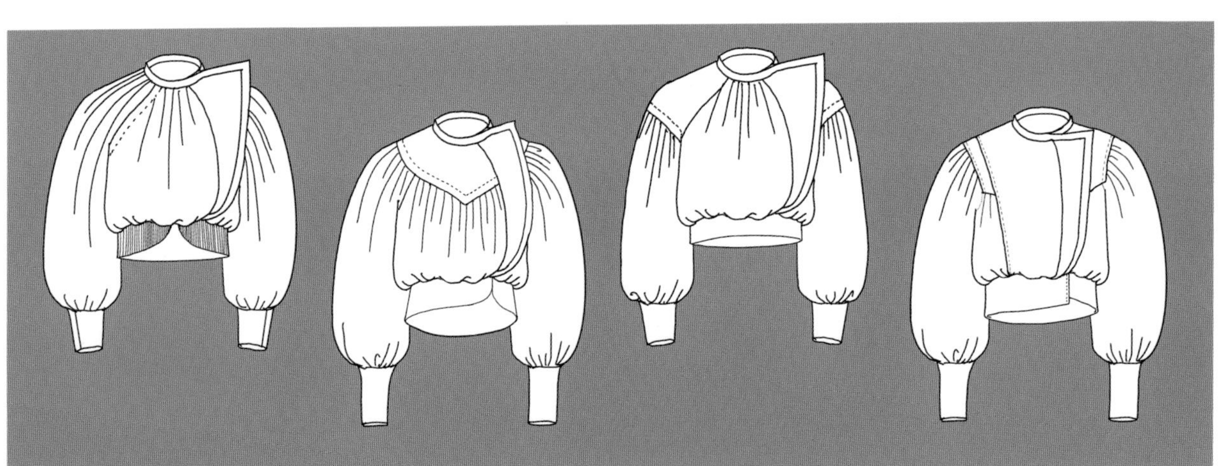

64

（3）图案的变化

保持原有图案类型，通过调整布局和比例获得新的款式变化。

第 1 步：分析原型款的图案题材：几何图案，自然图案等 。

第 2 步：分析原型图案在服装上的布局方式：单独纹样、连续纹样等。

第 3 步：参考原型图案的特点和布局方式进行图案变化（图 2.65~ 图 2.67）

1

图案变化

65

图 2.65　图案变化示范 1
图 2.66　图案变化示范 2
图 2.67　图案变化示范 3

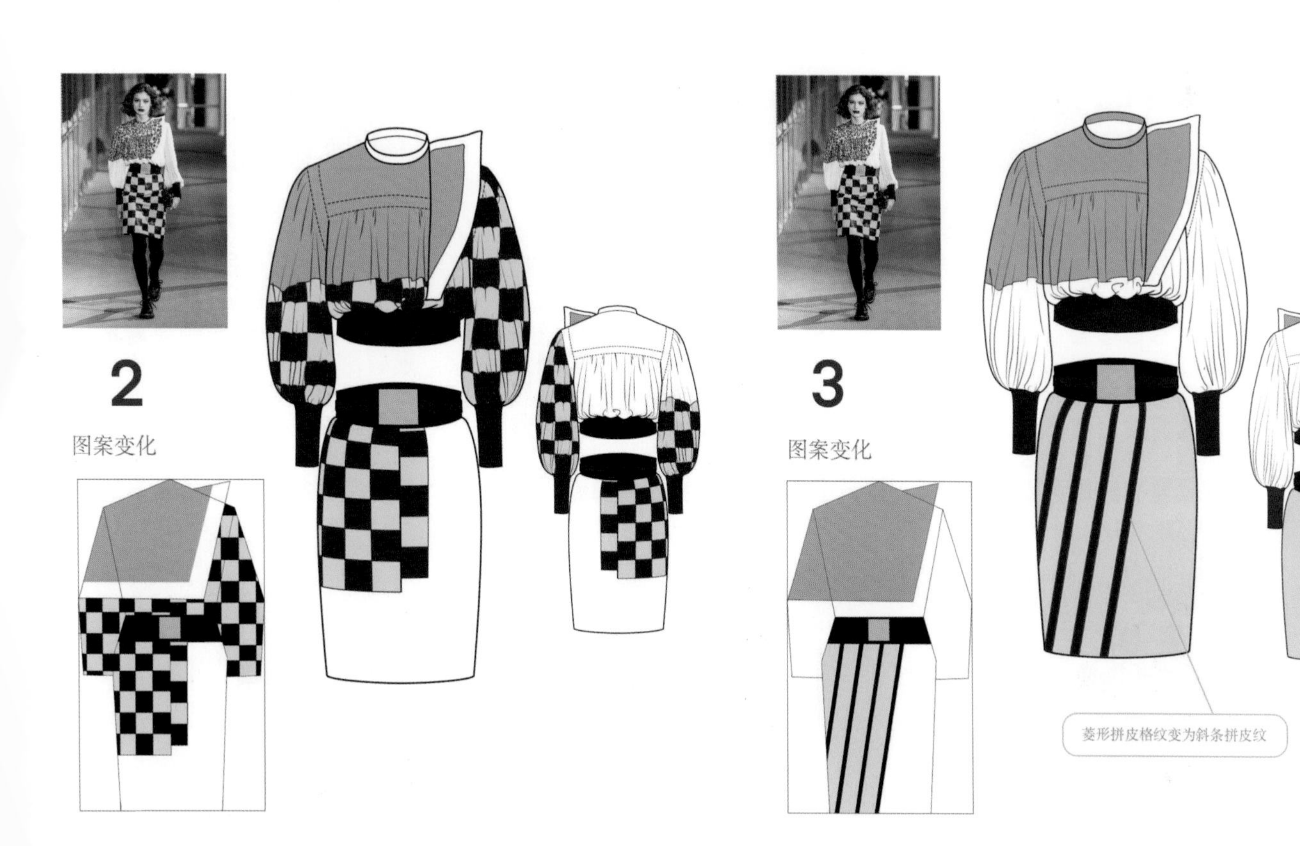

（4）色彩的变化

保持原有配色风格，通过调整色块布局获得新的款式变化[3]。

第 1 步：分析原型款的色彩组成，主体色、点缀色等。

第 2 步：分析色彩的冷暖属性和对比强度等，如图 2.68（a）。

第 3 步：参考原型款的色彩属性和对比强度选择其他色彩进行替换，如图 2.68b、图 2.69。

主要颜色的提取与比例分布

原款中的亮色饱和度极高，暗色的饱和度接近无彩色，形成强烈的明度和纯度反差。根据 PCCS 配色原理，选择色彩对比关系接近的其他色彩组合进行替换，可以获得类似的视觉效果。

图 2.68（a） 色彩分析
图 2.68（b） 色彩变化示范

68（a）

68（b）

[3]PCCS (Practical Color-ordinate System) 是设计配色中常用的色彩体系。该色彩体系由日本色彩研究所于 1964 年发表，也简称为日本色研配色体系。

69

图 2.69　色彩变化效果模拟
图 2.70　材质变化示范

（5）材质的变化

保持原有材质属性，通过同类替换获得新的款式变化。

第 1 步：分析原型款的材质品类特点、搭配风格。

第 2 步：参考原型款的面料特点选择其他同型面料。

第 3 步：同型材质替换，如图 2.70 ~ 图 2.73。

70

71

图 2.71　材质变化效果模拟 1

72

图 2.72　材质变化效果模拟 2

73

图 2.73　材质变化效果模拟 3

4. 作业示范 1

主题：选款 + 资料收集 [图 2.74~ 图 2.80（作者：丁紫薇）]

选款 + 资料收集

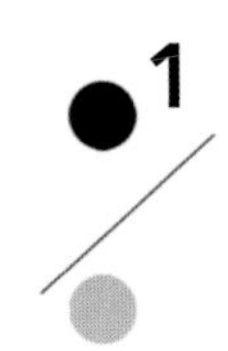

图 2.74　与品牌相关的基础调研

Rick Owens

Rick Owens被称为“歌德式极简主义”，
设计出神圣女祭师服。
Rick Owens的作品强调建筑架构的外套
和著名的斜纹剪裁，
低调地包裹着身形。
利落的讯息在完边处传达出来。

◆ Rick Owens 语录：
“衣服是我的签名，
它们是我期待捉摸到的冷静高雅，
它们是温柔的表现，
和不寻常的自傲，
它们是活力充沛的理想化现象，
也是不可忽视的强韧。”
“‘尘’是我对那温暖的，
轻柔的灰色的称呼，
悄悄的钻近无意识里的空间里。”

◆ 副线品牌：Rick Owens Lilies
女装以精妙的贴合身材的曲线裁剪为特点。

◆ 喜欢 Rick Owens 的明星：
Madonna、Courtney Love、
Helena Bonham Carter 、
Adam Lambert
等明星都是该品牌粉丝。

品牌介绍
瑞克 · 欧文斯 (Rick Owens)
是设计师同名品牌。
1994年于美国洛杉矶创建，
从2001年开始崛起。

Rick Owens Fall 2019 Ready -to-Wear

74

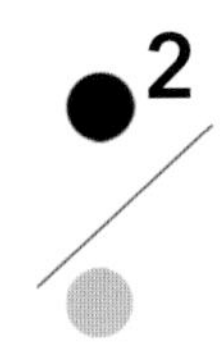

原型款分析

Rick Owens Fall 2019 Ready -to-Wear

款式廓形提取

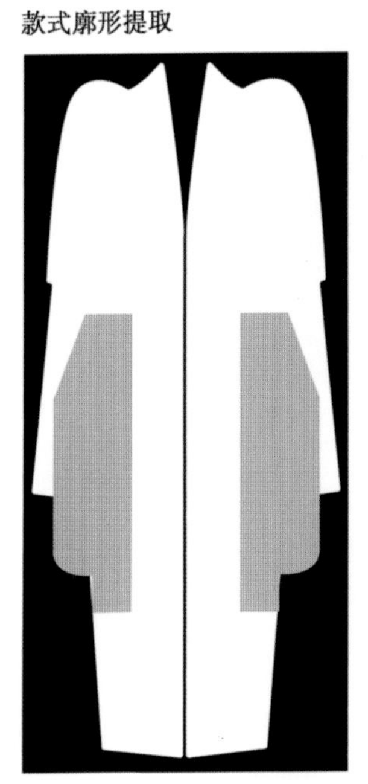

2. 简化线描结构图凝练原型款的廓形剪影。

1. 根据原型款式正面特点还原立体三视图。

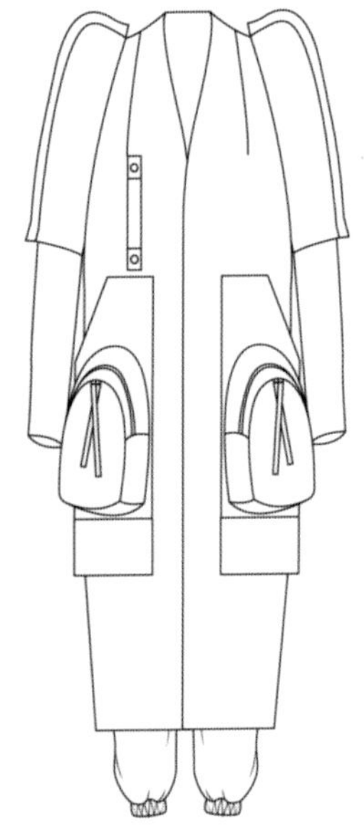

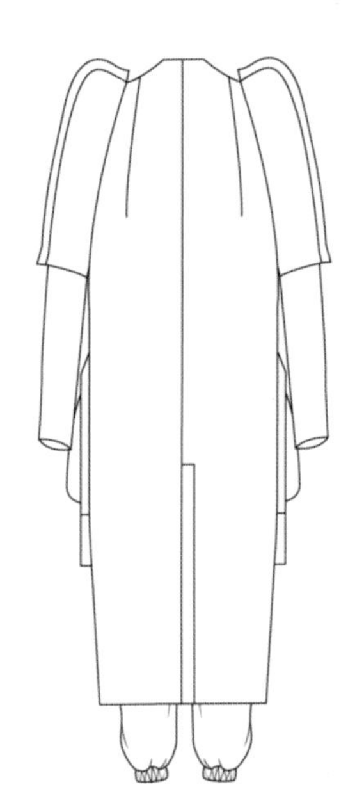

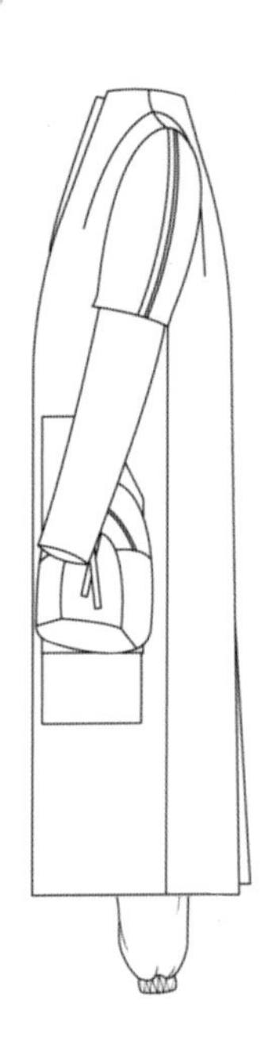

图 2.75　原型款廓形分析

75

●3

廓形提取 & 变化

根据原始款式廓形变化出6种新的空间效果

提取廓形属性，以简化的
正负形几何图形
凝练款式外部形态；
提取结构线，
还原款式三视图。

通过改变正负形块面比例、
形状角度等要素，
产生新的款式廓形和结构设计。

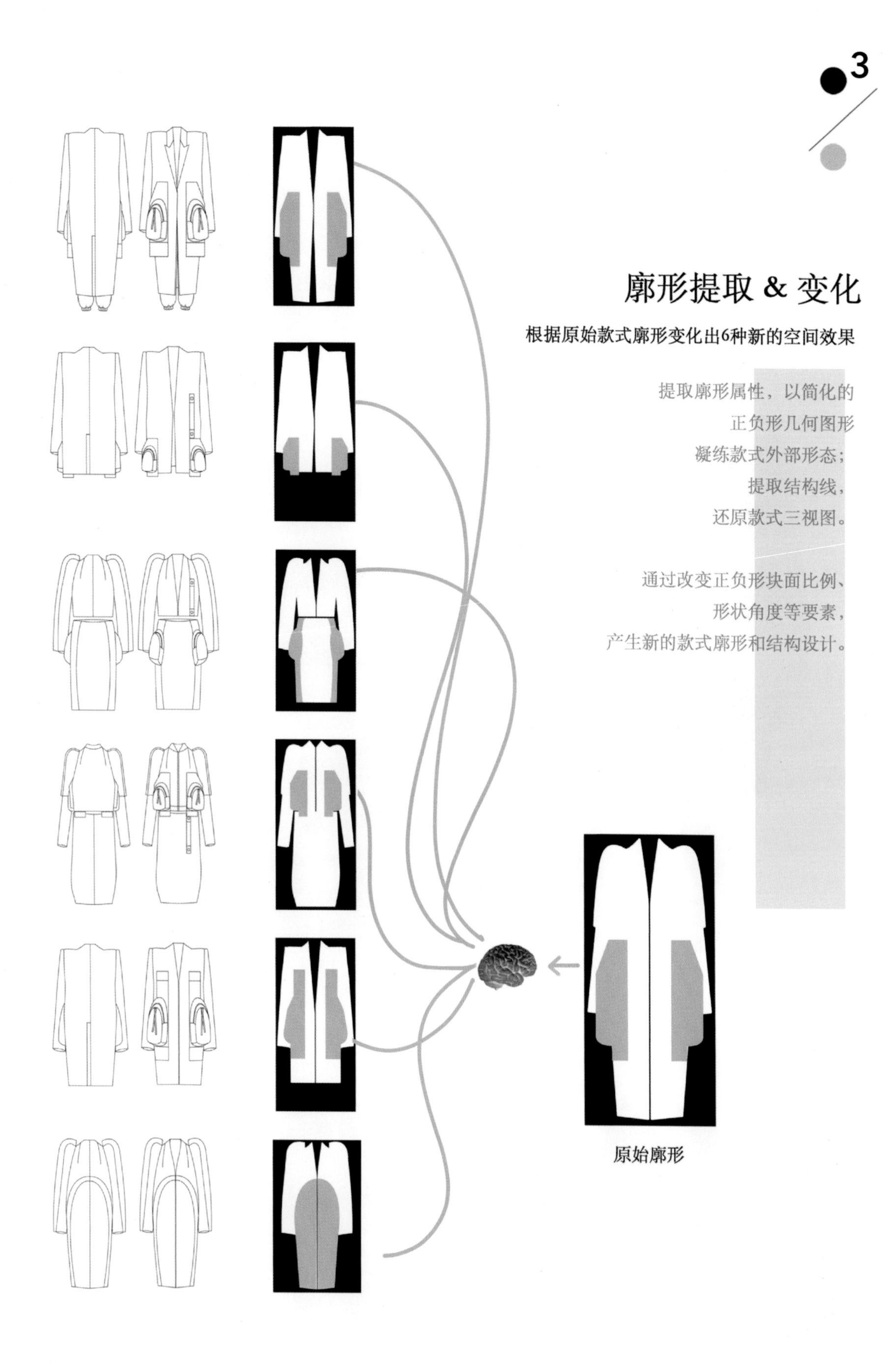

图 2.76　基于原型款的廓形延展设计

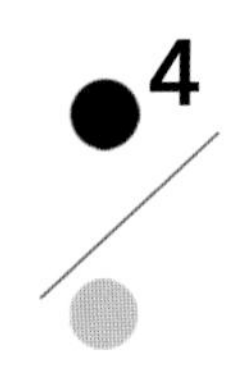

色彩拼图

以色彩拼图的形式产生色彩搭配

提取原款色彩属性，
及分布关系，
通过改变色块的属性、位置、
分布关系形成新的
色彩拼图，产生新的款式
色彩设计。

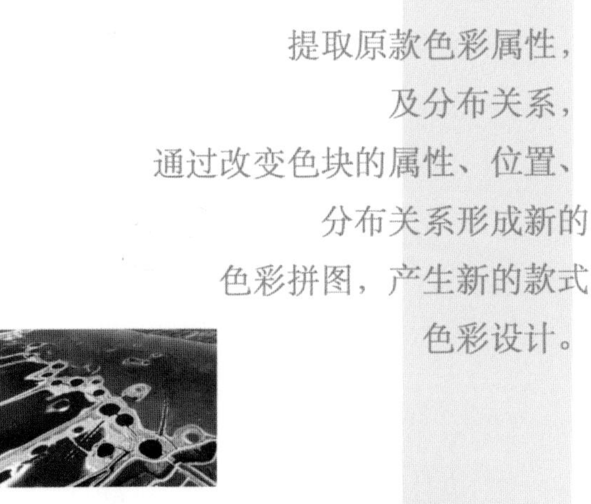

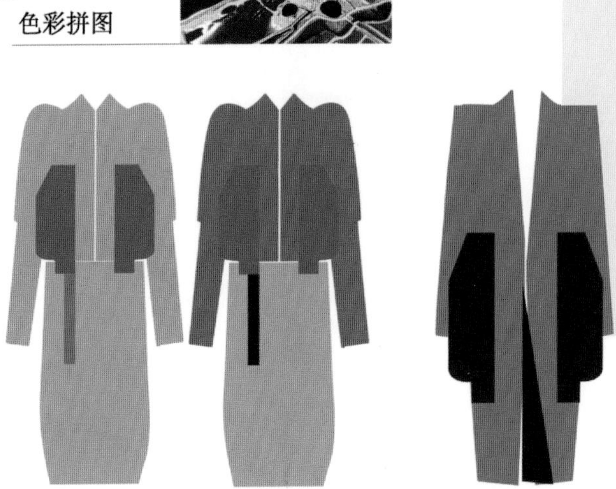

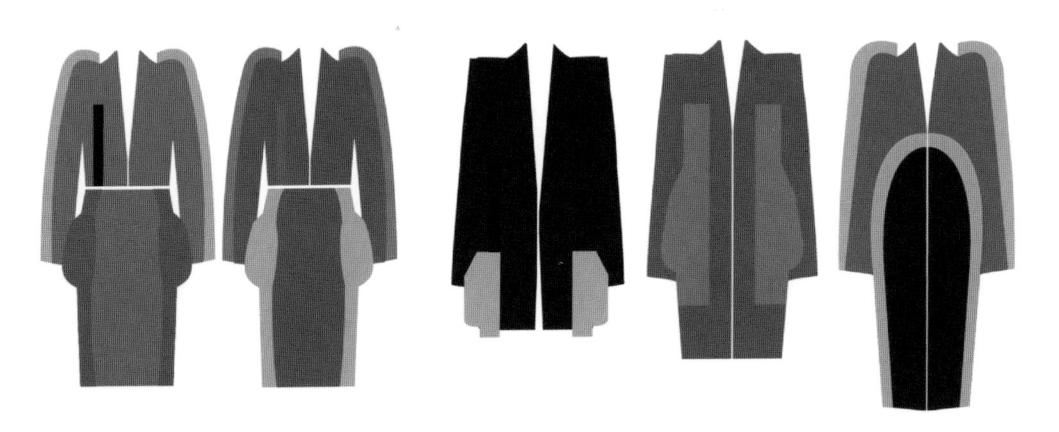

图 2.77 基于原型款的配色延展设计

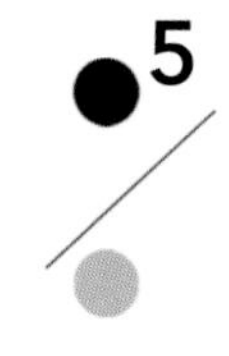

面料碰撞

通过肌理材质的碰撞产生新的视觉效果

提取面料属性，
分析组织结构特征，
粘贴相似面料小样，
通过变化面料种类或搭配
比例形成新的款式外观。

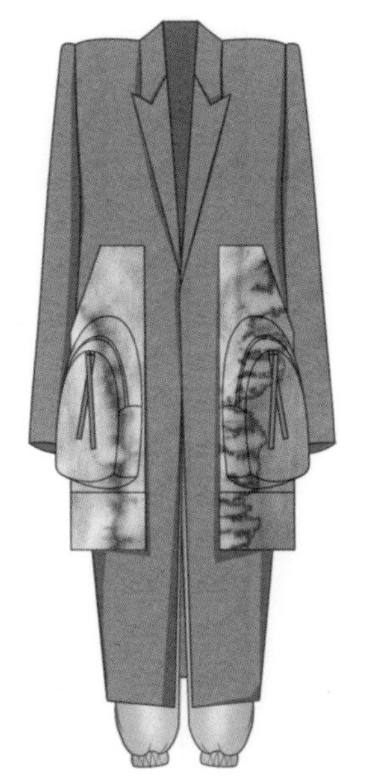

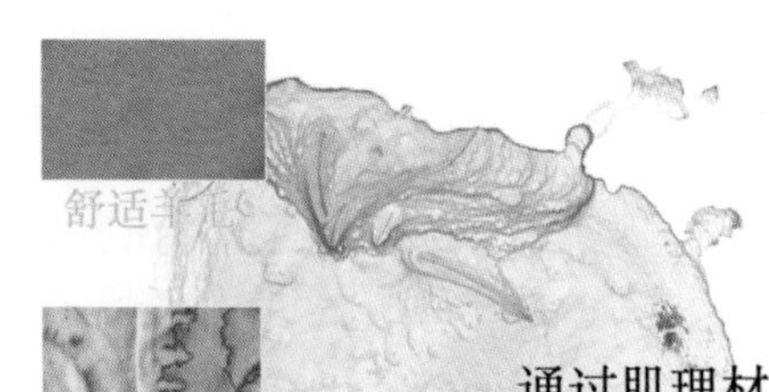

舒适羊毛

纯棉植物扎染

珠光运动面料

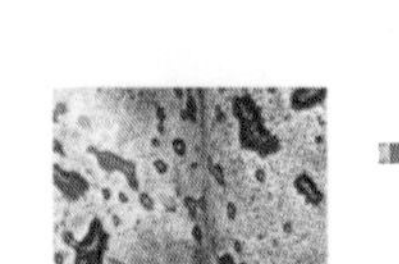

金属地貌色混纺

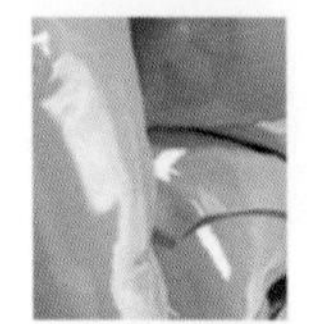

玻璃光泽梭织

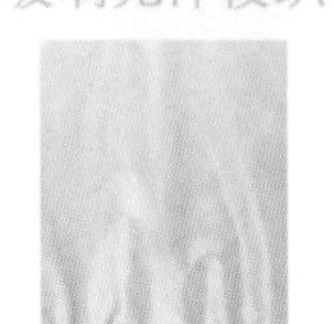

珠光运动聚酯

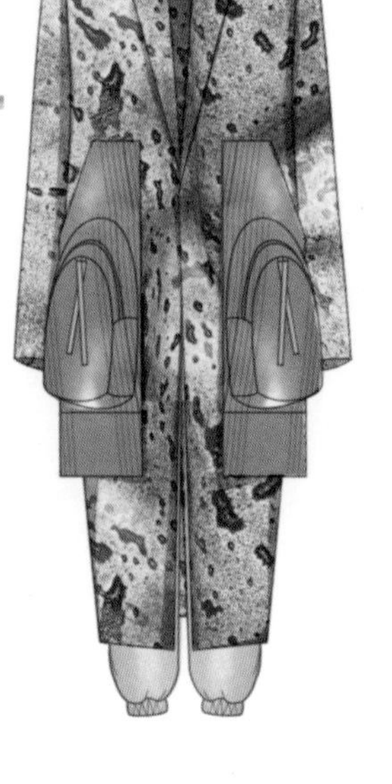

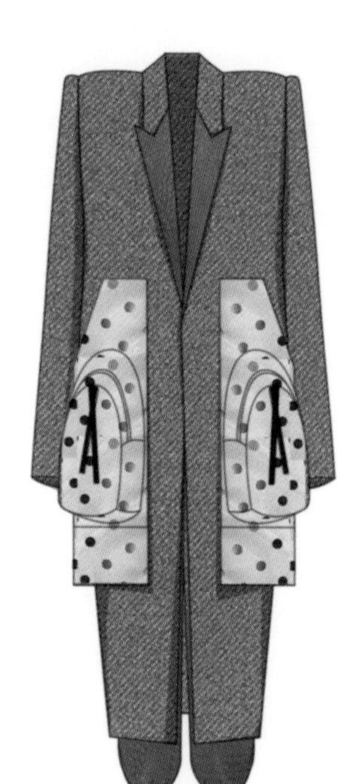

染色牛仔

镂空tpu

荔枝纹皮革

78

图 2.78 在原型款基础上尝试做面料碰撞

元素混搭

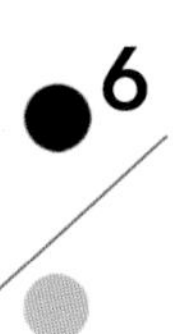

在变化款的基础上再次交叉混合，产生新的结果。

变化款 4 + 5

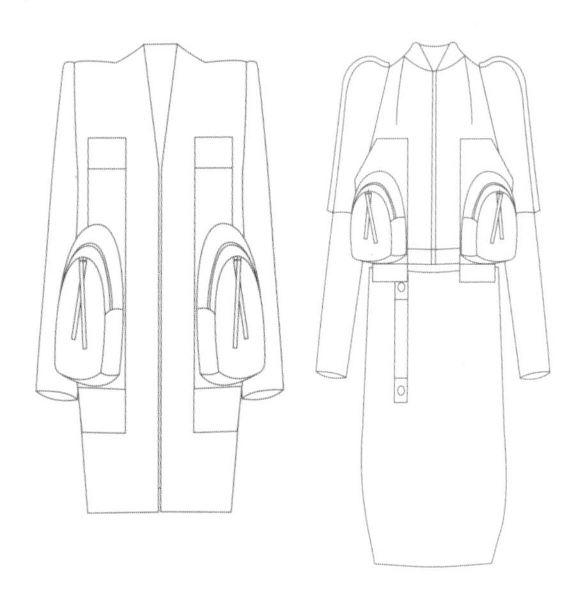

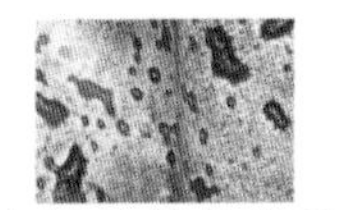

金属地貌色混纺

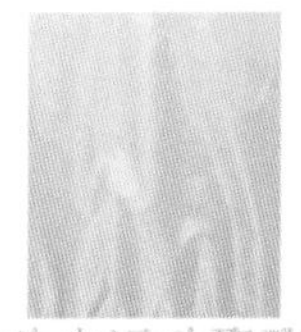

珠光运动聚酯

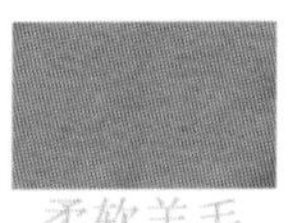

柔软羊毛

杂糅了两个款式的廓形、结构设计特点，碰撞光泽与哑光、花纹与纯色面料，饱和度偏低，并且运用色彩对比所诞生的新视觉效果。

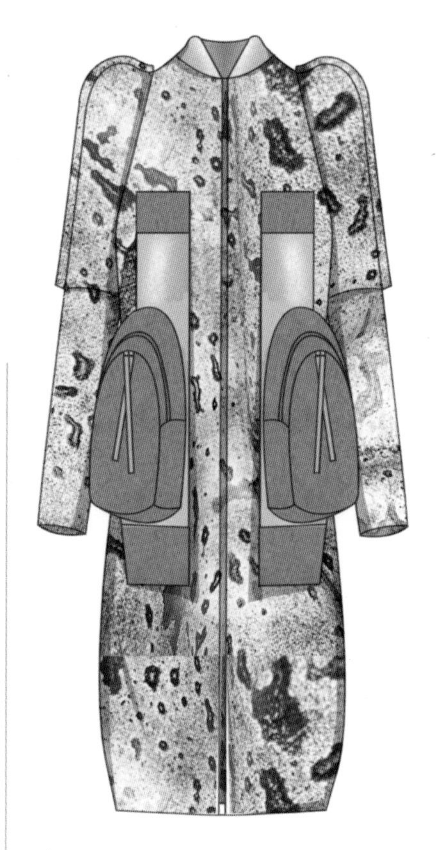

79 图 2.79 将廓形变化与面料变化相结合的实验 1

元素混搭

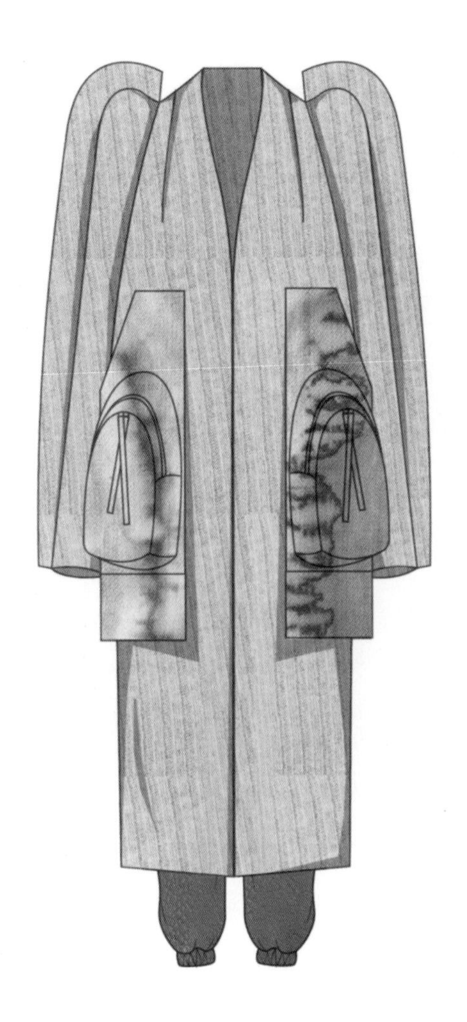

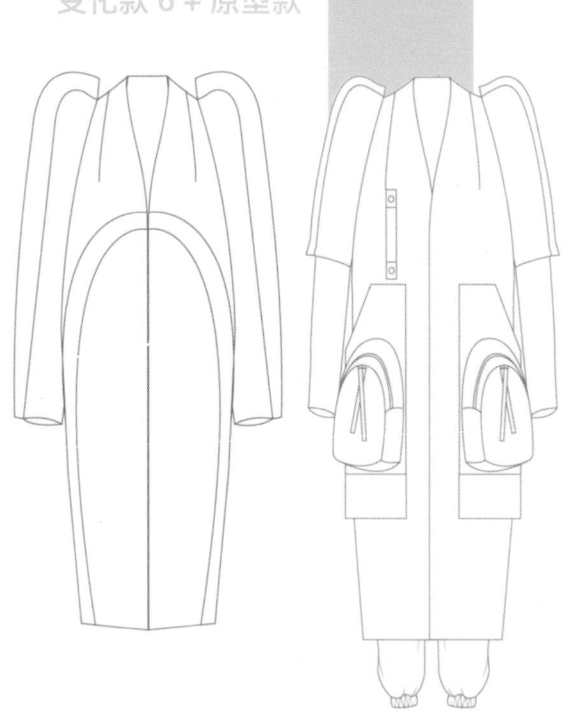

杂糅了两个款式的
廓形、结构设计特点，
改变口袋的位置、
比例关系
形成新的款式设计。
针织与生物染色、同类色
的搭配使服装呈现
温柔的氛围。

柔软羊毛

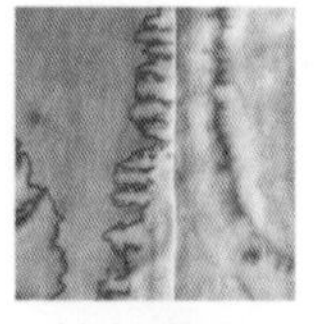
纯棉植物扎染

荔枝纹皮革

80

图 2.80　将廓形变化与面料变化相结合的实验 2

5. 作业示范 2

见图 2.81~ 图 2.88（作者：张倩）。

图 2.81　基础款介绍

图 2.82　线稿提取——廓形凝练

81

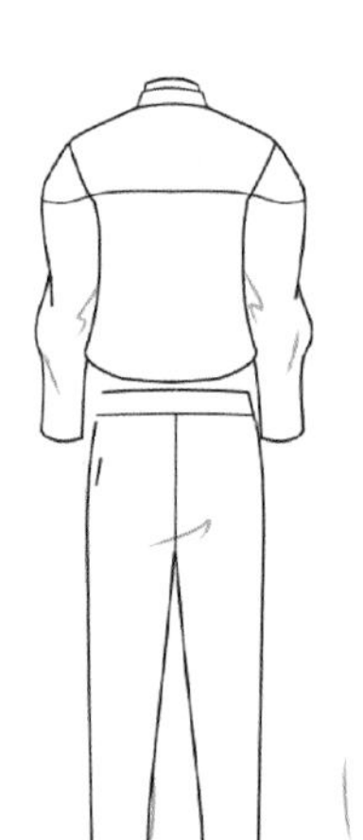

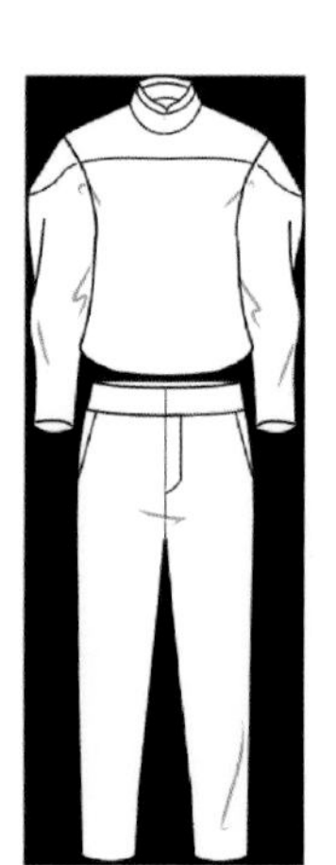

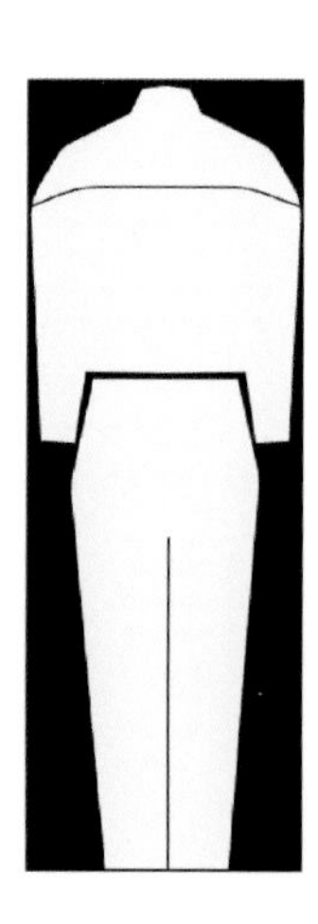

82

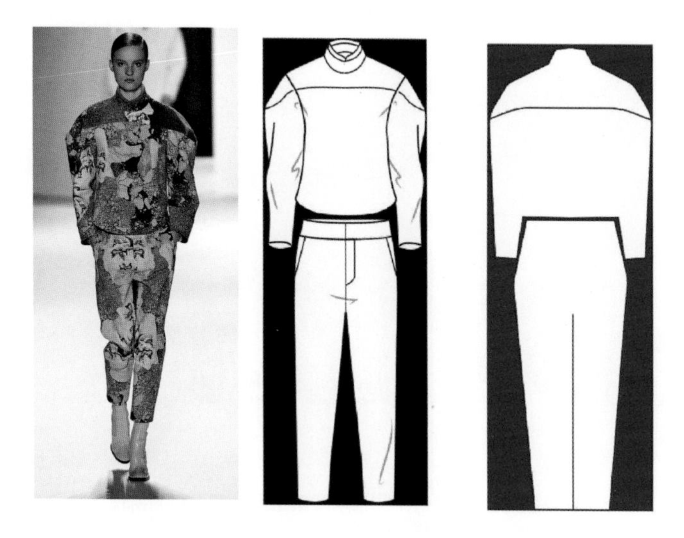

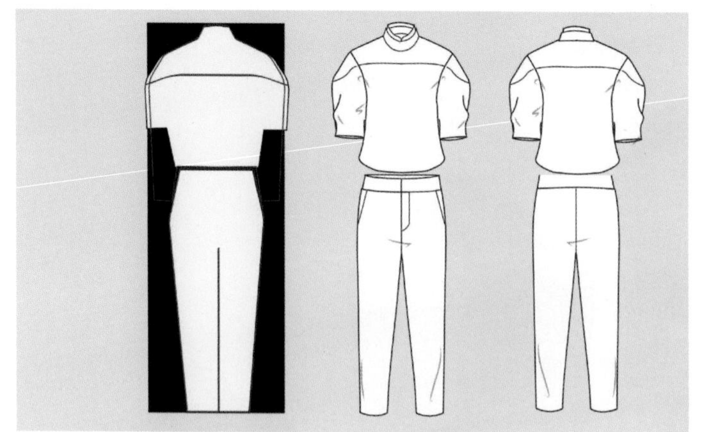

在原始款上缩短袖长

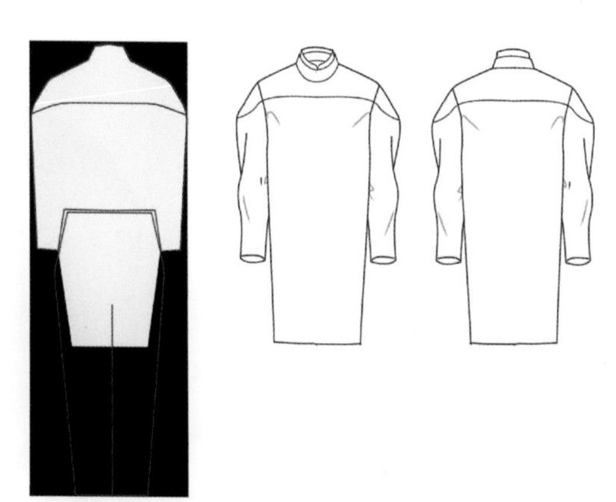

拉长上衣，去除裤装，形成一款连身直筒裙

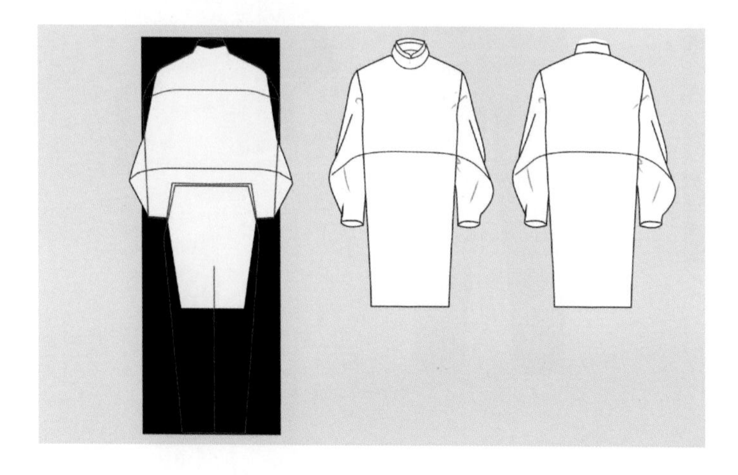

在原始款的基础上将其上半身加长

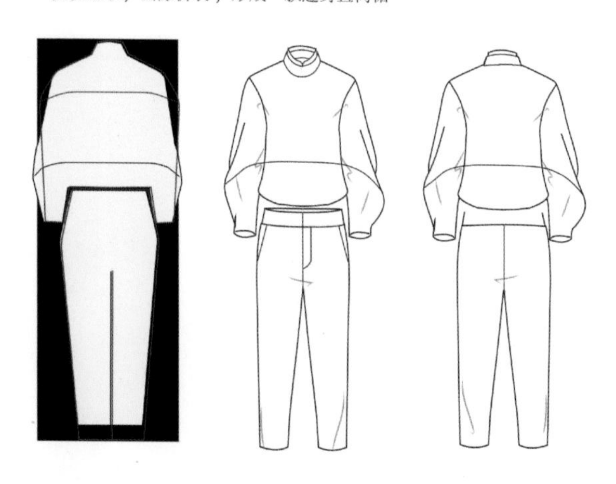

改变横向张力的位置，收缩肩部，将最宽的位置转移到小臂处

83

图 2.83　基于初始廓形的款式变化延展

图案&质感分析

分析：图案灵感来源于自然肌理的提取与抽象，冷色系为主，有不规则晕染或斑驳之感

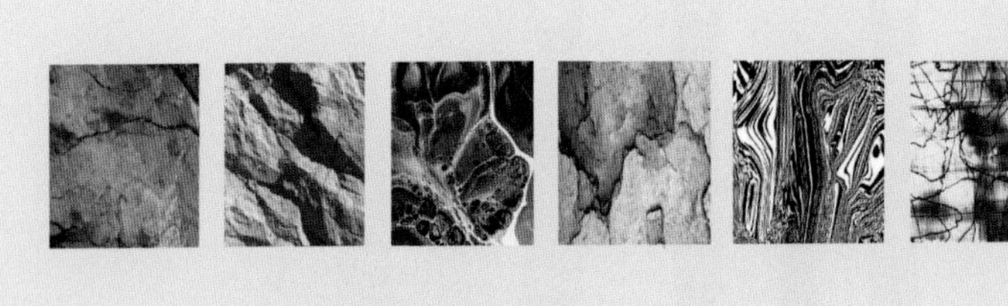

通过从宏观与微观的不同视角搜集不同自然景观的肌理，并进行适当地提取，形成不同的图案设计

84

图 2.84　图案题材分析

图 2.85　图案应用拓展

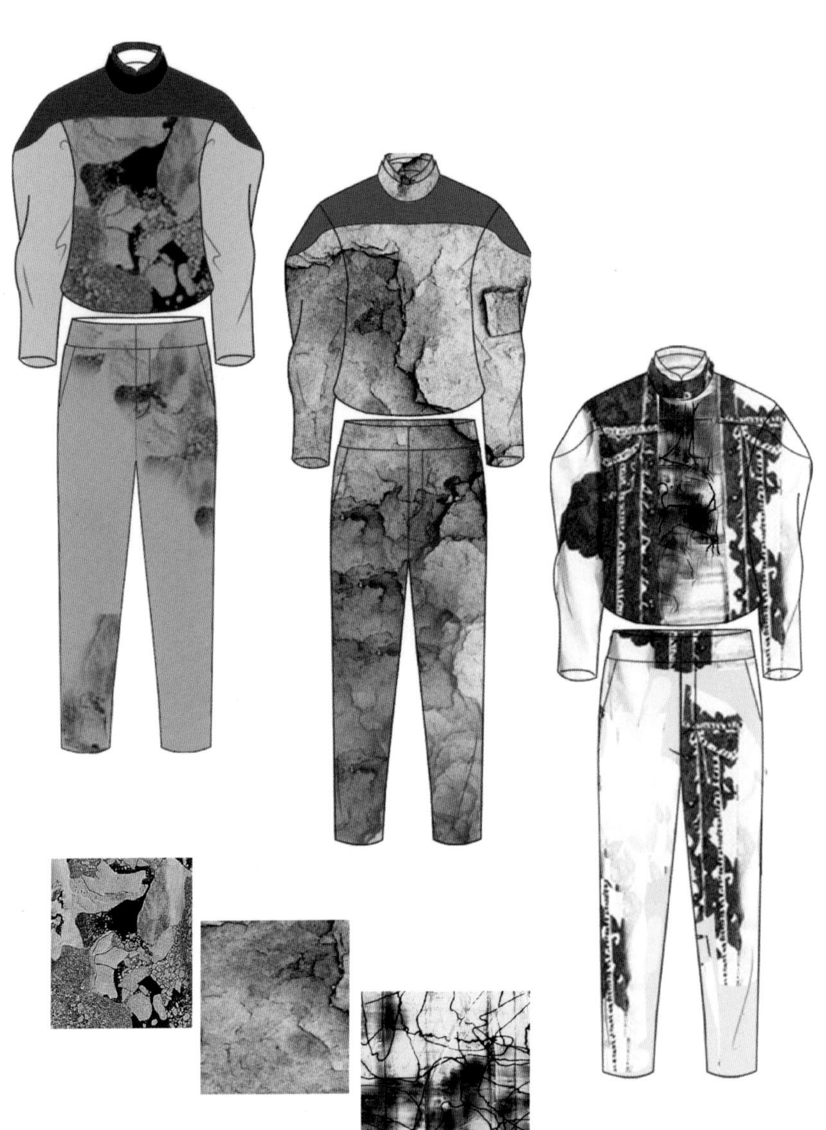

85

面料&质感分析

分析：面料季节属性为秋冬季面料，
密度较高，较厚，无光泽，垂感弱，
有膨胀感，易塑形

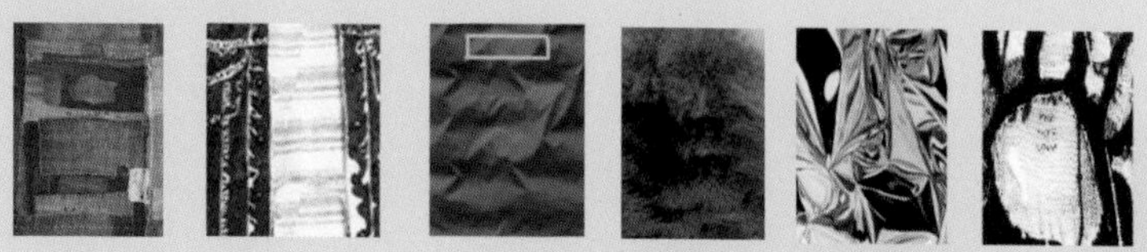
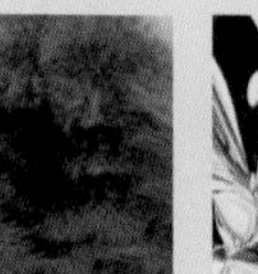

86

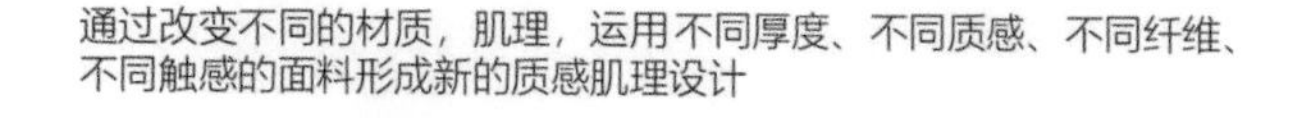

通过改变不同的材质，肌理，运用不同厚度、不同质感、不同纤维、
不同触感的面料形成新的质感肌理设计

图 2.86　面料特点分析
图 2.87　面料变化拓展

87

图 2.88　系列效果图

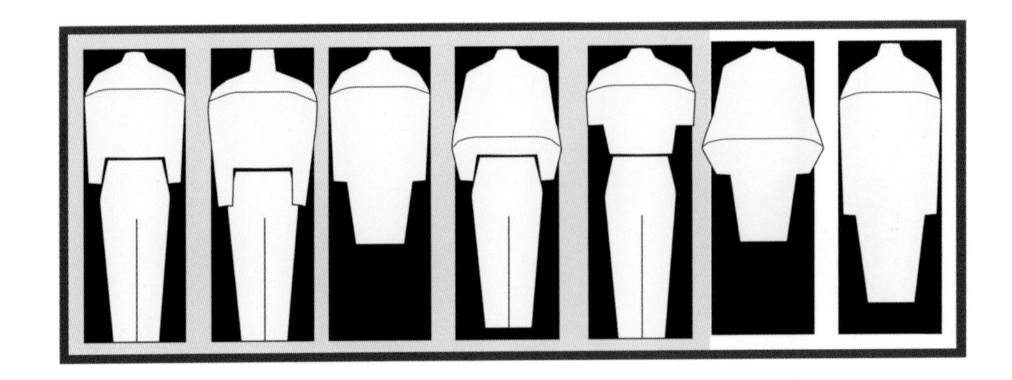

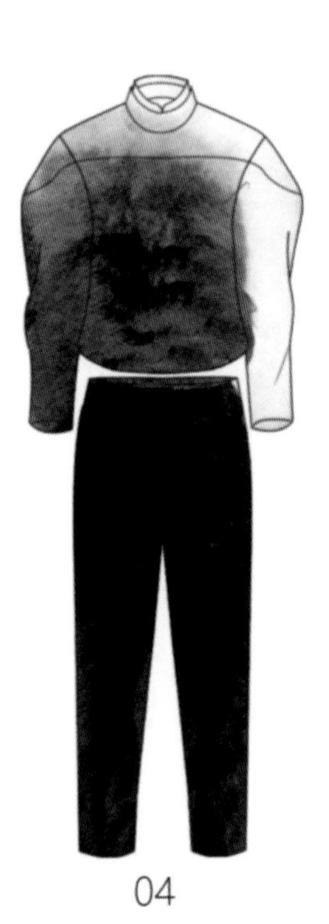

88

6. 作业示范 3

见图 2.89—图 2.96（作者：何思雨）。

图 2.89　与品牌相关的基础调研

02 秀场介绍

ETRO fall2021Ready-to-Wear Fashion Show

ETRO在2021年秋冬的这场秀，整体沁润了男装的影子，服装廓形和比例具有十分干练的气质。日常的叠穿搭配方式混合了复古的图案，营造出怀旧又孤傲的时尚感。

更多作业示范请扫描查看

ETRO一个象征着"新传统主义"，
代表着"意式风尚"和"意大利制造"的奢侈品牌。

01 品牌介绍

1968年，RTRO由Gimmo Etro
创立，总部位于意大利米兰。

创始人GEROLAMO ETRO先生

佩斯利花纹是ETRO最具代表性的元素，
也是ETRO的品牌象征和标志。

1981年，Gimmo Etro将佩斯利花纹
设为品牌标志性元素，广泛运用在丝绸和
羊绒面料上。

1985年，推出EtroHome家居系列，
在家用纺织品、家居产品中广泛运用
佩斯利图案，把品牌特色应用极致。

2022年6月，新任创意总监
Marco De Vincenzo领导
下开启了新的品牌之旅启航。

ETRO的logo：
一匹展翅飞翔的骏马(Pegasus)。
pegasus是智慧和名望的象征。

新一代最具创新与想象力的设计师之一
MARCO DE VINCENZO

89

03 款式廓形

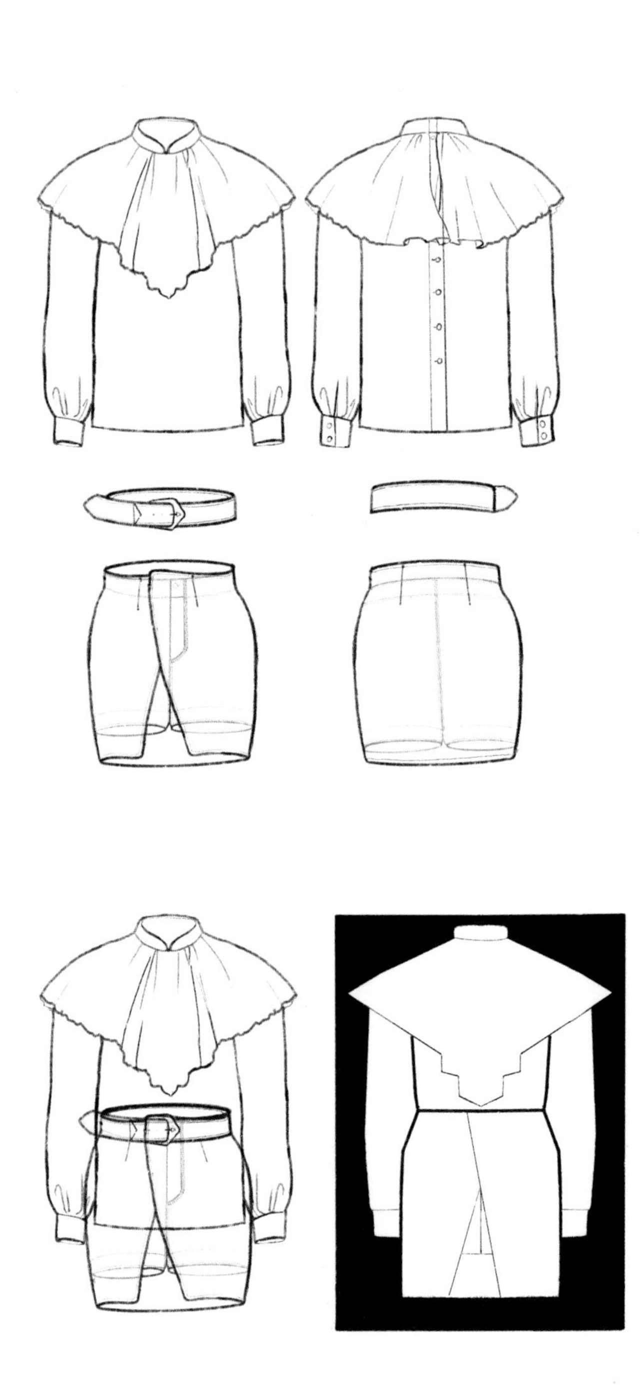

90

图 2.90　原型款廓形分析

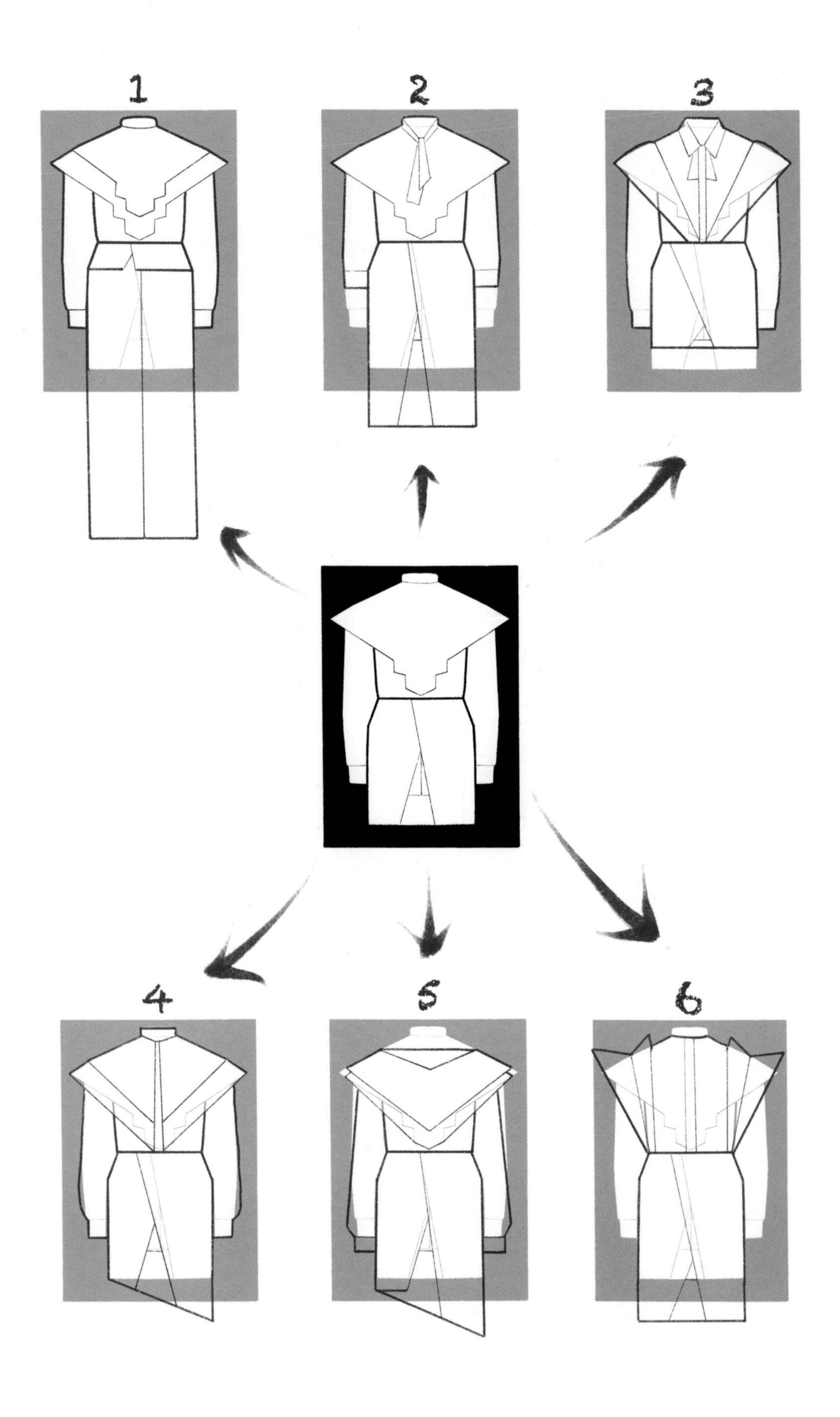

91

图 2.91　基于原型款的廓形变化思路

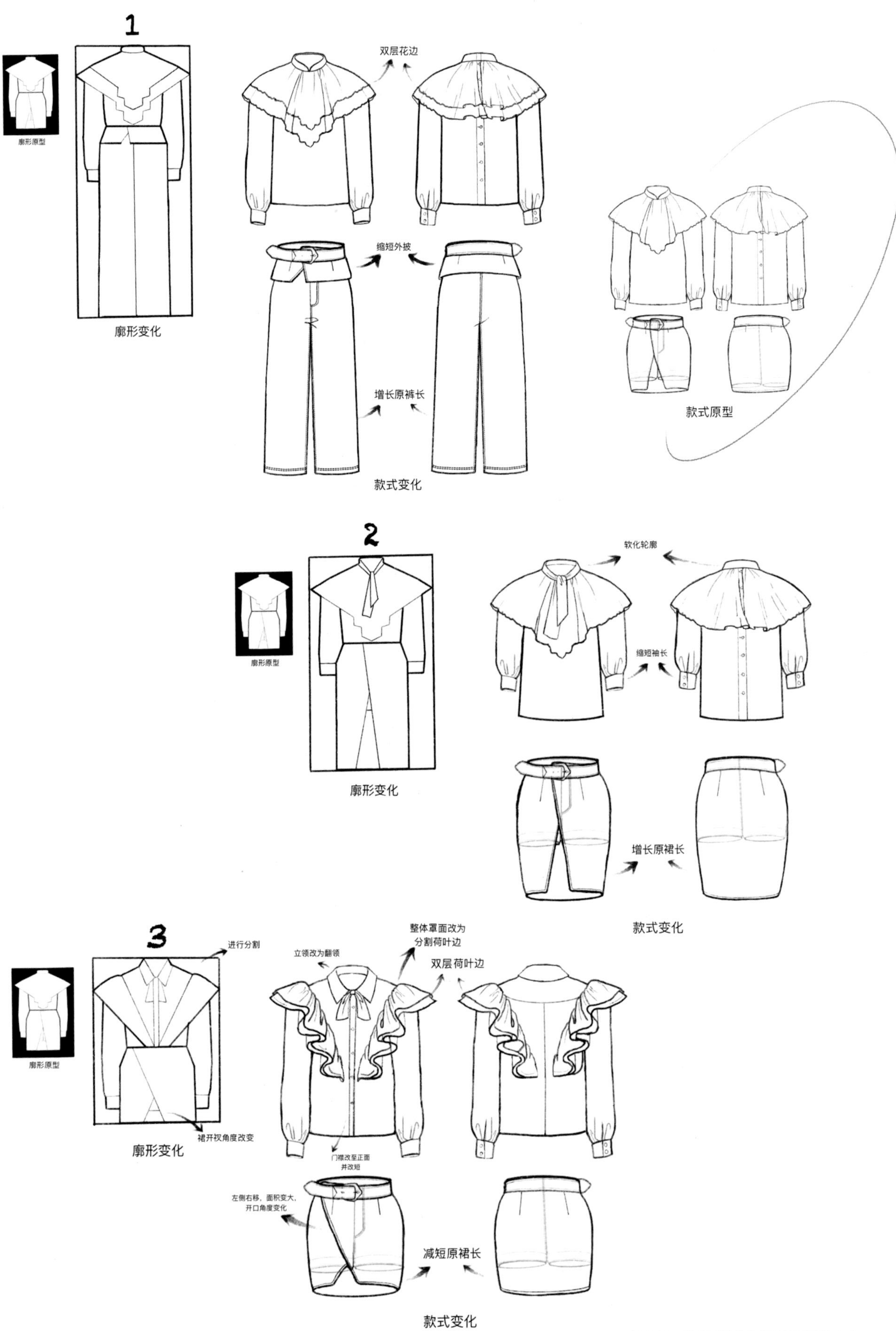

图 2.92　基于原型款的廓形延展设计 1-3

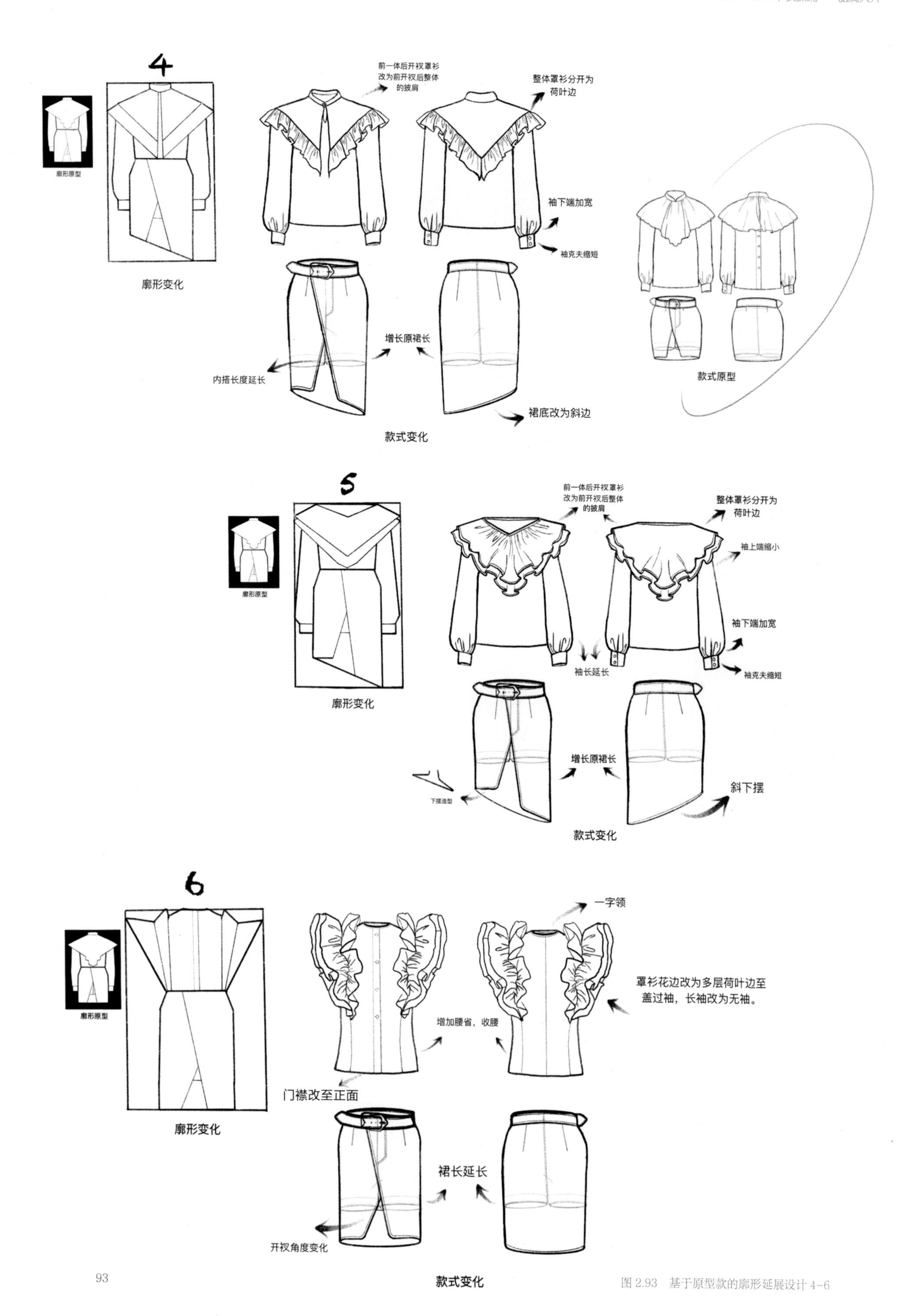

93

图 2.93　基于原型款的廓形延展设计 4–6

04 图案变化

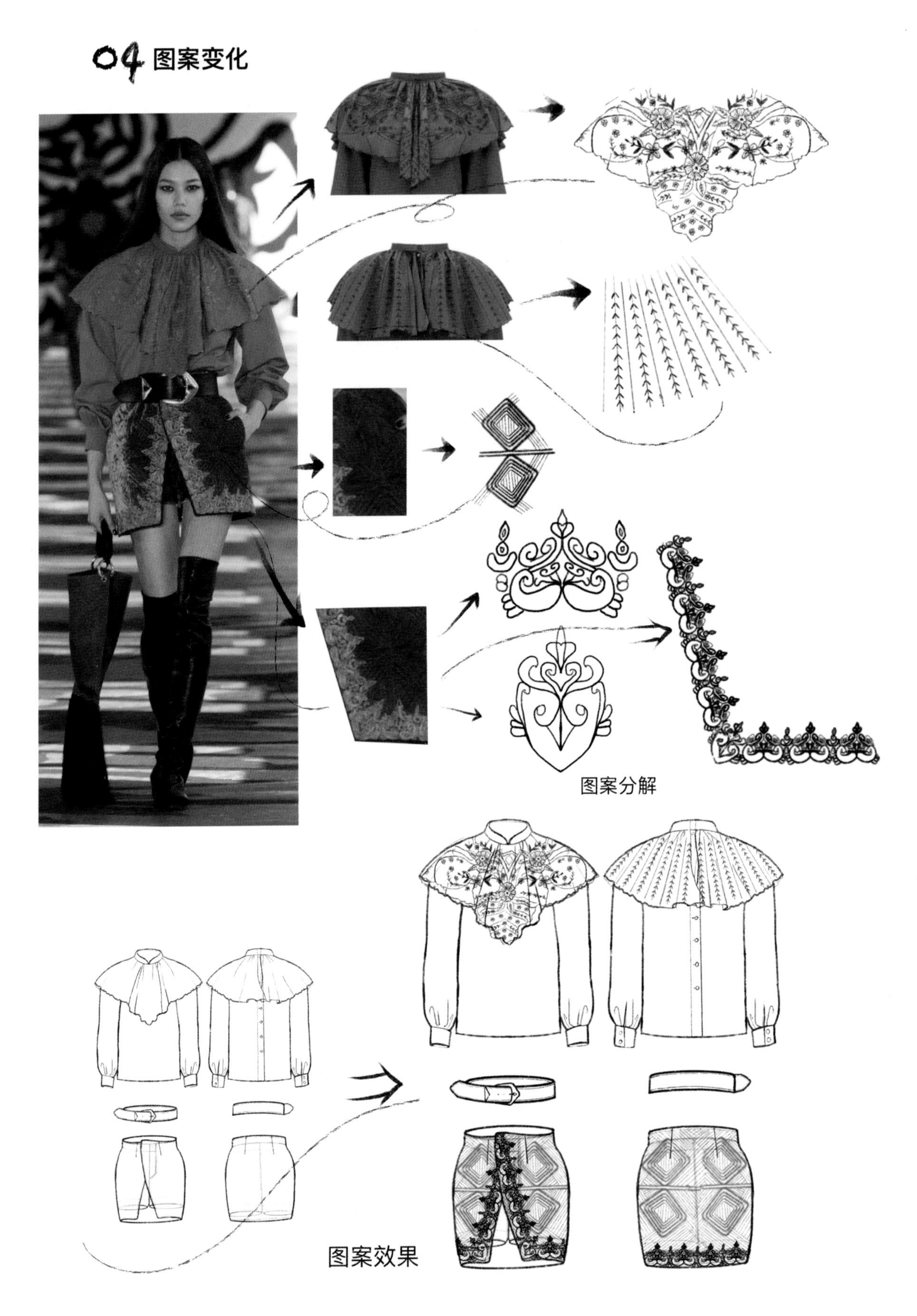

图 2.94 原型款的装饰图案分析

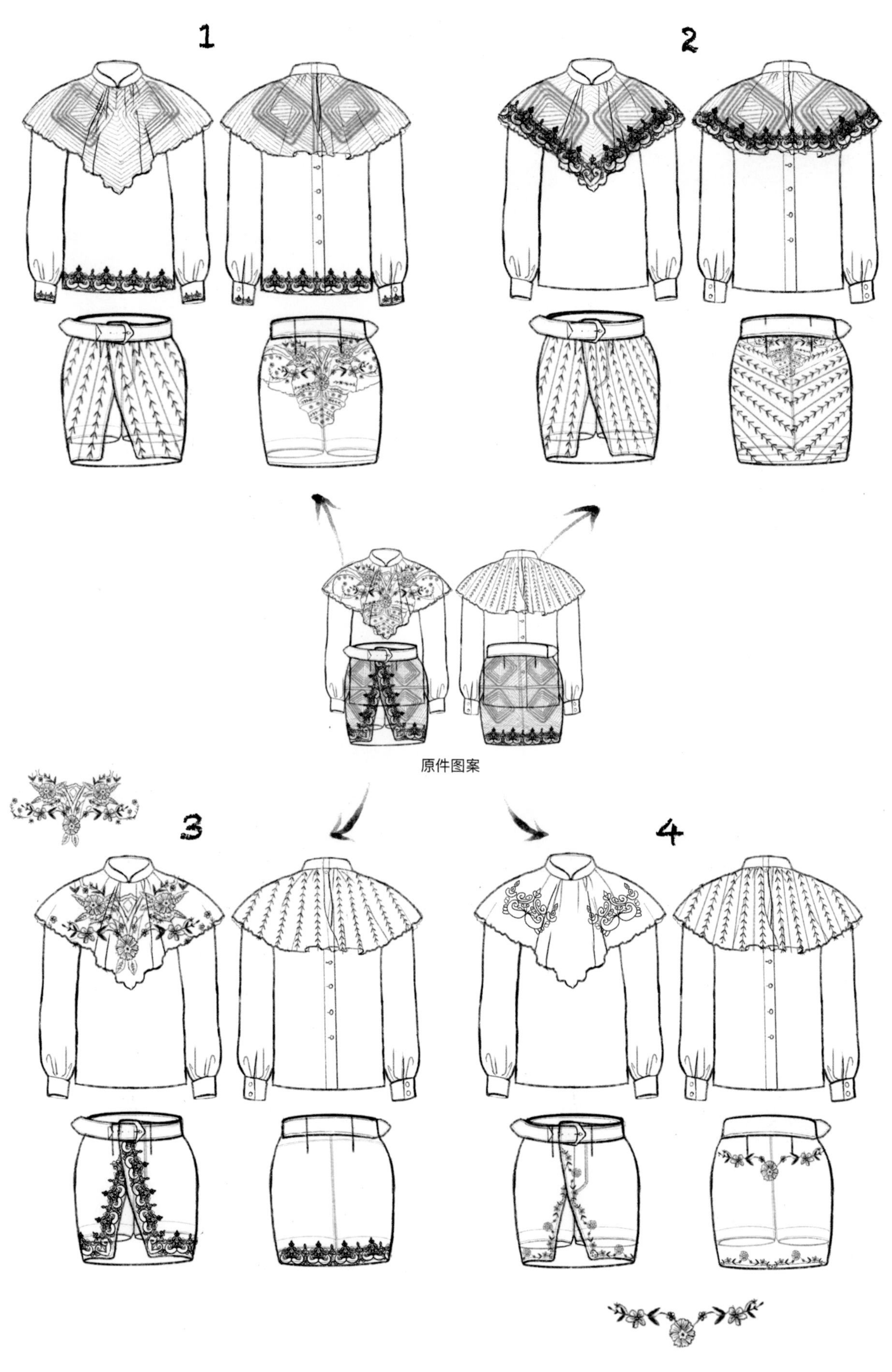

95　图 2.95　基于原型款装饰图案的延展应用

05 配色变化

ΔE 1.2	ΔE 0.6	ΔE 1.2	ΔE 1.1	ΔE 2.6
PANTONE 6185 C	MUNSELL 5GY/2.5/1	SM3-1527	PANTONE P 42-10 U	JPMA L 07-20H

延伸款色彩变化

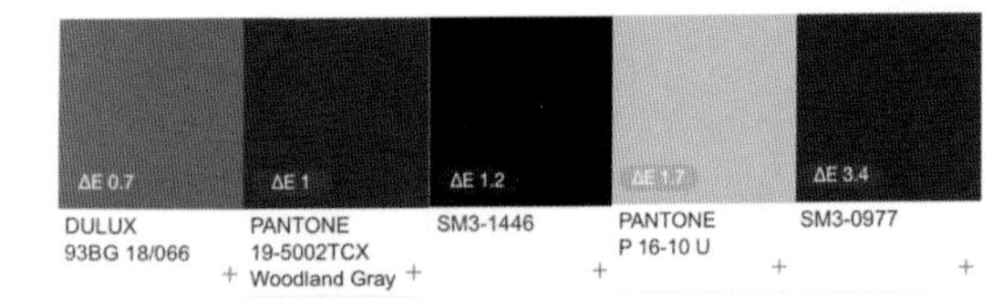

ΔE 1.9	ΔE 1.2	ΔE 2.3	ΔE 1.2	ΔE 0.9
PANTONE P 98-12 U	PANTONE 19-3902TCX Obsidian	SM3-1407	COLORO 039-75-11	SM3-0846

ΔE 1.3	ΔE 0.8	ΔE 1.4	ΔE 1.1	ΔE 2.5
PANTONE 437 CP	PANTONE Black 7 C	SM3-0797	PANTONE P 143-10 U	RAL 140 30 30 欧洲栗绿

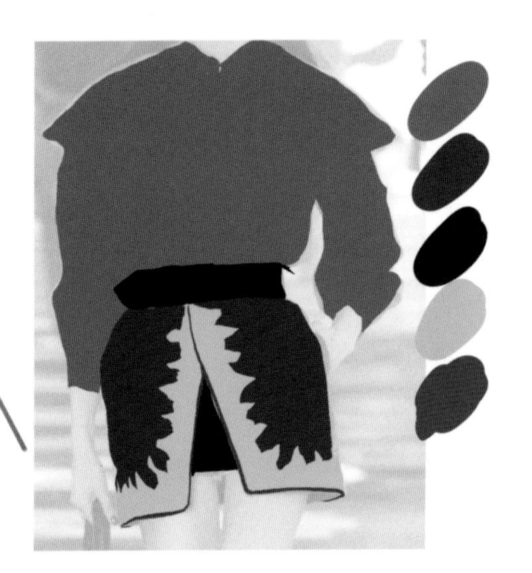

变化款明度关系与原始款保持一致

图 2.96　基于原型款配色的延展应用

7. 教学小结

在服装的廓形结构、材质肌理、色彩（图案）这几个主要因素中，通常只有 1 个主导要素，其余为辅助要素。通过廓形、色彩、材质元素的调整，会发现要素之间存在的联动状态，即一个要素的调整会引发其他要素的调整需求。本书鼓励学生从不同角度切入，练习设计动作与对风格的把控，观察每一次调整的结果并理解款式要素之间的互动关系。 初学者可先进行单项练习，如重点练习廓形的设计变化，当单项练习掌握熟练后，可开展材质与色彩的叠加变化练习。

8. 本章总结

从“认识积木”“整理积木”到“搭建积木”是服装款式设计的入门练习和基本功，主要练习对服装基本设计元素的排列、组合与变化。要求学生从原型款式出发，分析“积木”的特征与“搭建”的秩序，能够从单一基本款变化出丰富且风格统一的系列款。注意，设计图纸最终需要通过平面或立体裁剪进行验证以确认视觉效果是否符合最初的设想。

单项练习

廓形：**变化**	廓形：不变	廓形：不变
材质：不变	材质：**变化**	材质：不变
色彩：不变	色彩：不变	色彩：**变化**

叠加练习

廓形：**变化**	廓形：不变	廓形：**变化**
材质：**变化**	材质：**变化**	材质：不变
色彩：不变	色彩：**变化**	色彩：**变化**

二、进阶练习：形变的“积木”

简单有效的创意手法从元素叠加开始。在一杯红茶里加入少量的牛奶，红茶变成了奶茶。奶茶既不是牛奶也不是茶，而是变成了一种混合的新事物。这就是通过元素叠加而形成设计创意的生动比喻（图 2.97）。

本节以花鸟草虫等自然对象为灵感来源进行进阶练习，围绕命题对象的形式特点展开形式借鉴。在初阶练习“积木搭建”的基础上，对将要用于搭建的“积木”进行元素叠加融合以获得造型变化，即将原要素与其他元素结合形成新的“积木”。通过针对性练习获得改写造型元素、建立形式创意的能力。

1. 教学设计

1）讲解训练目标、内容和方法。

2）教师通过图片或实物为学生展示命题对象。

3）引导学生从不同角度观察对象的形态要素。

4）设计过程指导。

5）练习作品分析和评价。

2. 教学内容

1）通过案例示范讲解如何针对目标对象进行特点分析、元素提取。

2）如何通过元素借鉴产生服装造型创意变化（图 2.98）。

“基础造型 + 元素借鉴 = 造型创意”

廓形
结构
部件
材质
色彩

+ 元素借鉴=

廓形创意
结构创意
部件创意
材质创意
色彩创意

97

元素的叠加融合

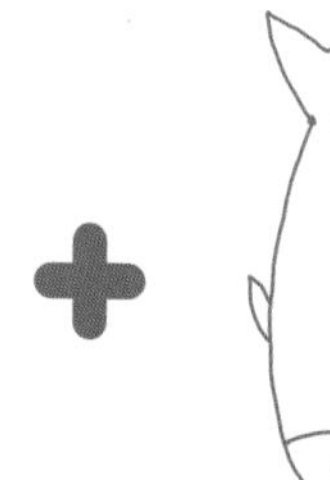

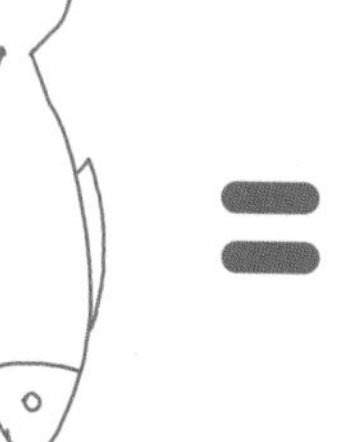

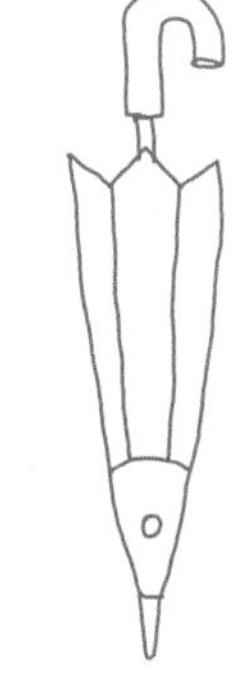

98

图 2.97　元素借鉴的思路

图 2.98　漫画：叠加产生的创意

3. 练习步骤

1）选择对象——任意可见的自然对象，如动植物、建筑等。

2）观察对象——外观（形状、组成部分、肌理、排列方式等）。

3）凝练特点——分析、提取形态要素的特点、构成规律等。

从视觉的静态和动态两个方面进行联想，提炼出原型关键词（关键词的收集、梳理与聚合可通过思维导图来开展）。

4）元素叠加——将要素特点融合到服装构成元素中。

尝试从色彩、廓形、肌理、图案等角度，将对象要素的形态与服装原有的"积木"形态进行融合，形成新的"积木"。

5）运用初阶练习的"积木搭建"手法，将新的"积木"进行排列组合，由基础款发展出变化款，完成命题下的系列设计。

4. 案例示范

主题：瓷碗

1）选择一个瓷碗实物（图 2.99）。

2）观察瓷碗的形状、色彩、材质、纹样等，从不同维度整理出关键词。

3）分析瓷碗的形态要素、结合关键词进行延伸性联想，得到造型元素。

4）从 a 轮廓、b 材质、c 图案色彩方面，将瓷碗的造型元素融合到服装造型中，将对象特征进行服饰语言的转化，形成带有瓷碗印象的"积木"，如图 2.100 所示。

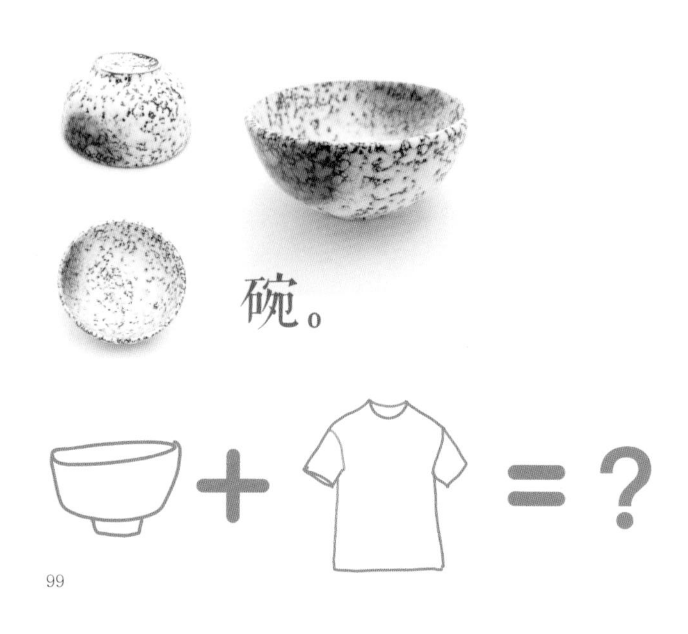

图 2.99　实物对象

图 2.100　元素提取与转化

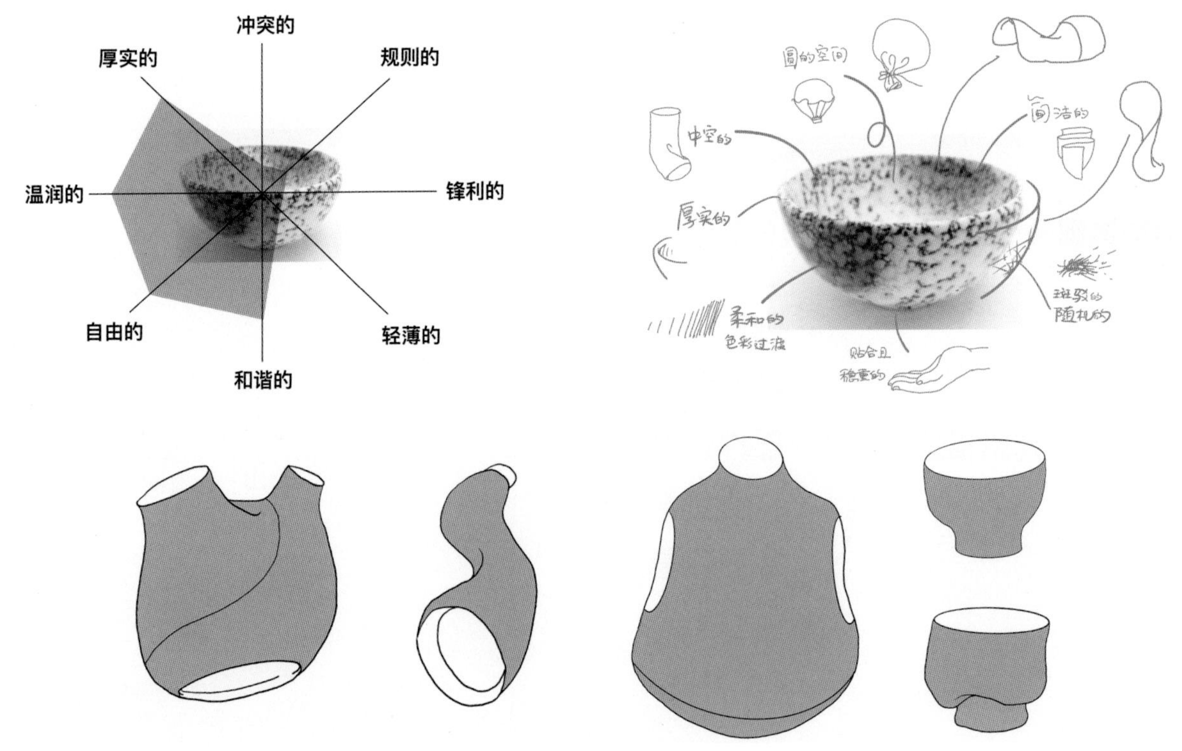

101

① 轮廓的融合

根据对象的轮廓关键词查找具有类似特点的服装作为廓形参考，从局部细节与整体造型出发，将对象轮廓特点转化为服装的廓形语言（图 2.101）。

② 材质的融合

根据对象的肌理和质地进行面料的联想，可从质地、光泽、纹理等角度入手寻找相关的图片进行参考。可采用单一或组合的面料材质来表达对象（图 2.102）。

图 2.101　廓形参考
图 2.102　面料参考

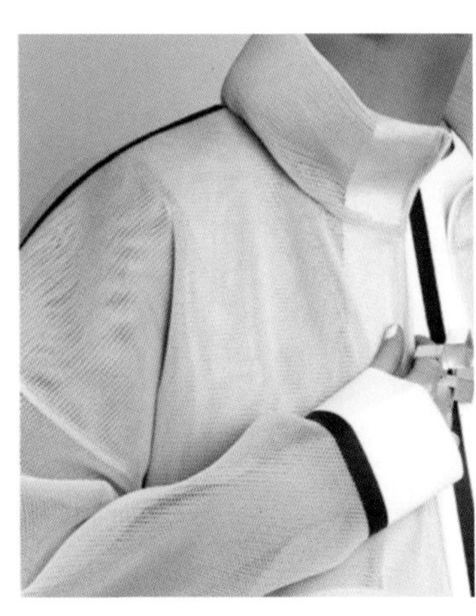
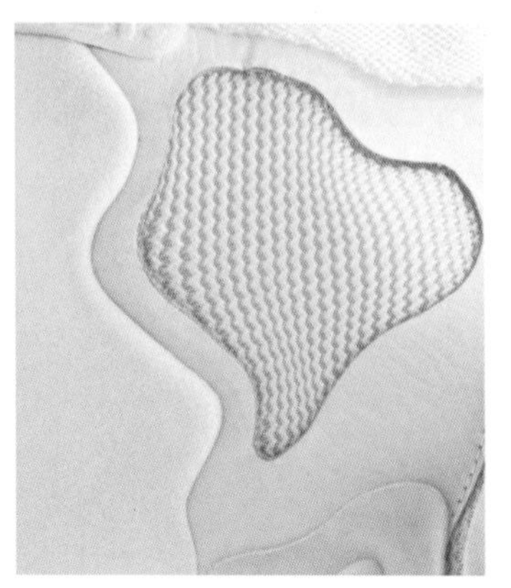

102

③ 图案色彩的融合

提取对象的关键色彩和图案元素，有所取舍地将其融合为服装的设计元素，可以适当地将图案进行简化、抽象，仅保留关键印象（图 2.103）。

④ 运用初阶练习的“积木搭建”手法，将新的“积木”进行排列组合，扩展出具有系列感的主题设计款（图 2.104、图 2.105）。

图 2.103　色彩与图案的运用
图 2.104　廓形的变化拓展
图 2.105　结合了廓形、色彩、图案的系列设计效果

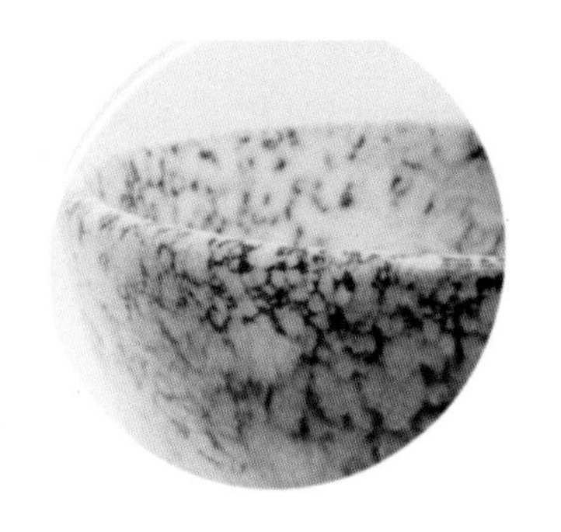
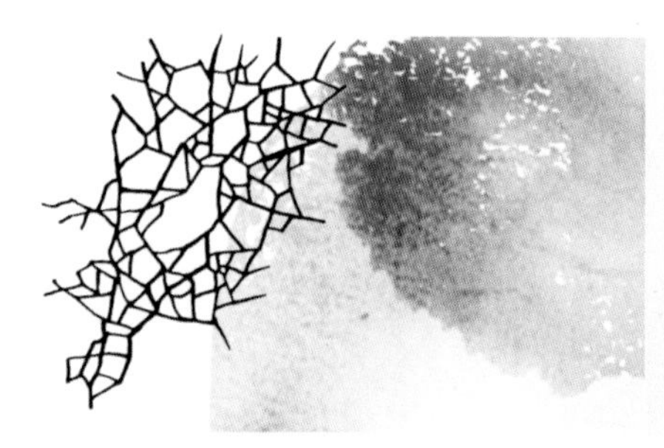
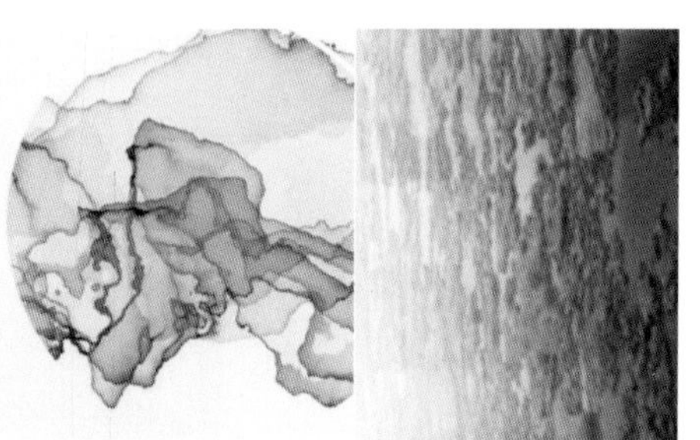

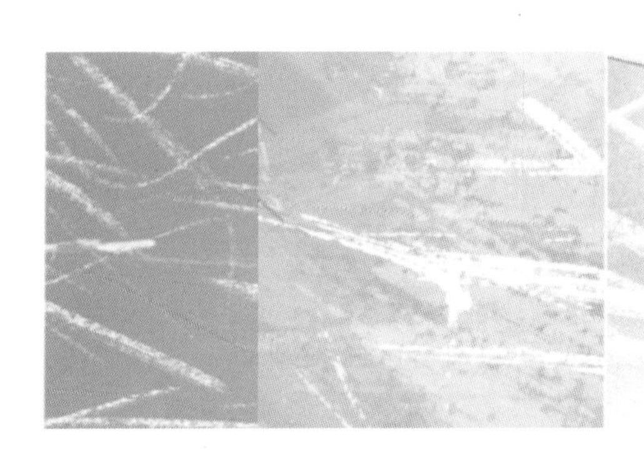

103

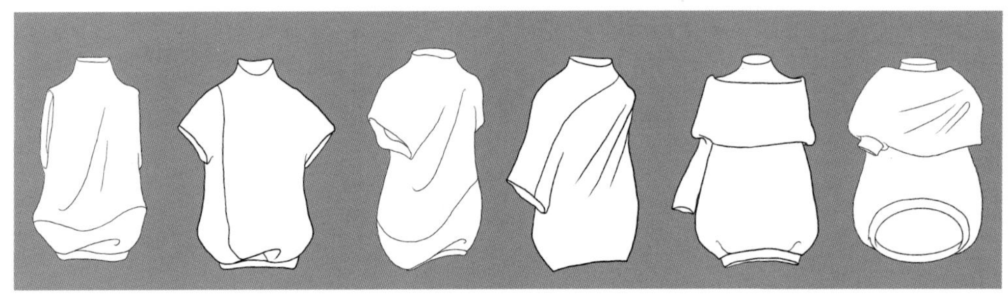

104

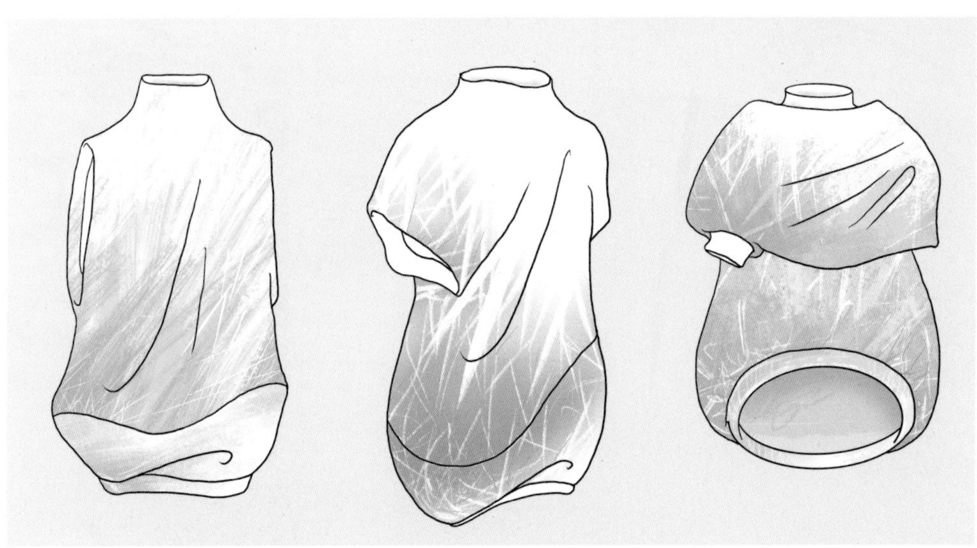

105

5. 课程作业

在命题范围中自选主题完成系列服装设计。

命题范围：动物、植物、建筑、生活物件等。

要求：根据命题完成设计图集，设计图集应包含从构思到草图再到效果图的完整设计过程。最终的设计图稿能体现主题词的特点或形式美感。

6. 作业示范 1

主题：仙人掌［图 2.106~ 图 2.110（作者：任焰焰）］

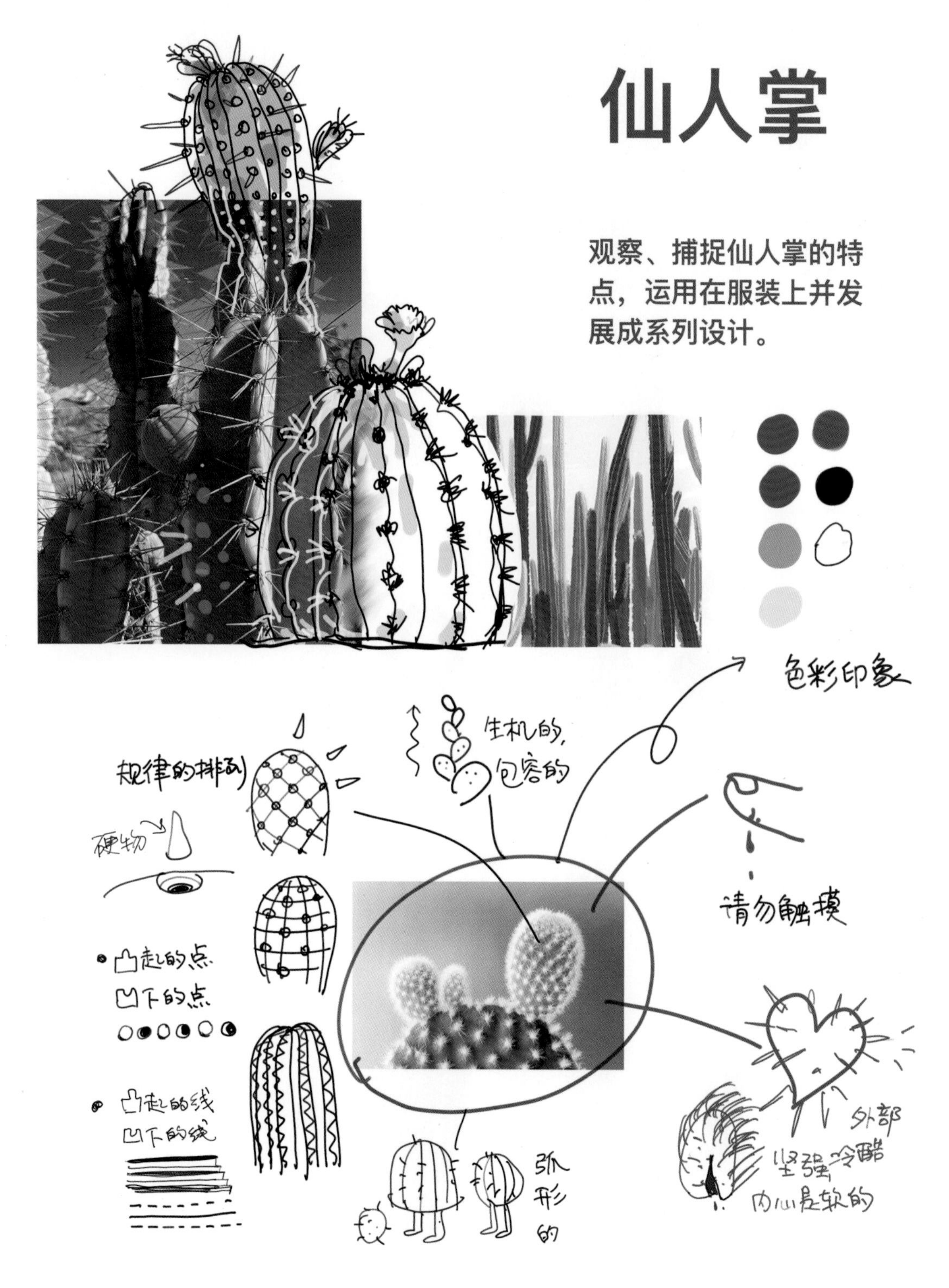

图 2.106　主题说明与要素分析

107

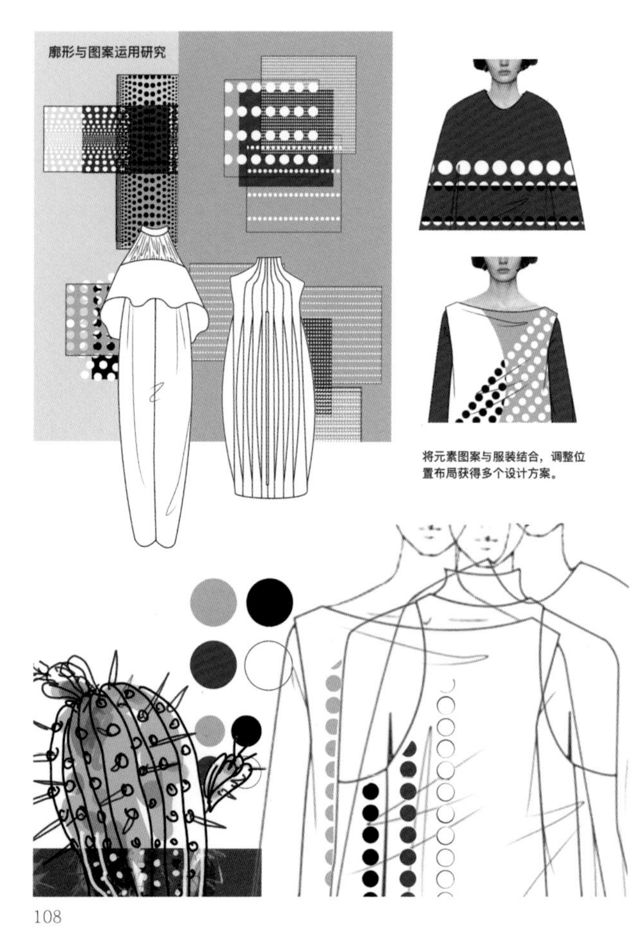

108

109

图 2.107　仙人掌的图案、肌理研究
图 2.108　仙人掌图案的运用
图 2.109　对象元素与服装元素的融合

110

图 2.110 “仙人掌”系列服装设计效果图

7. 作业示范 2

主题：哥特教堂 [图 2.111~ 图 2.115（作者：林艺涵）]

更多作业示范请扫描查看

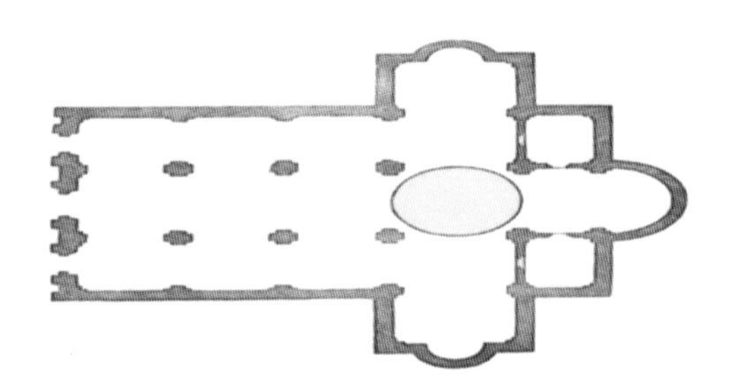

教堂建筑

以欧洲古代教堂为灵感，将建筑造型加入服装造型元素。

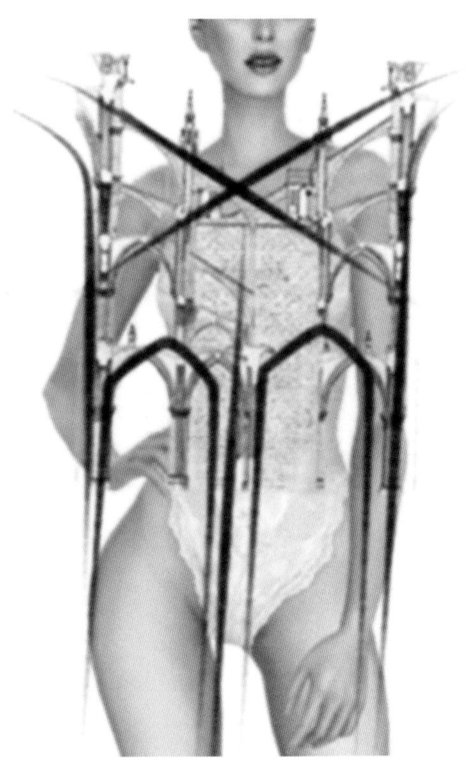

111

图 2.111　主题说明与要素分析

借鉴教堂建筑图纸中的形式感，结合中世纪服饰元素作为服装廓形的创作参考。

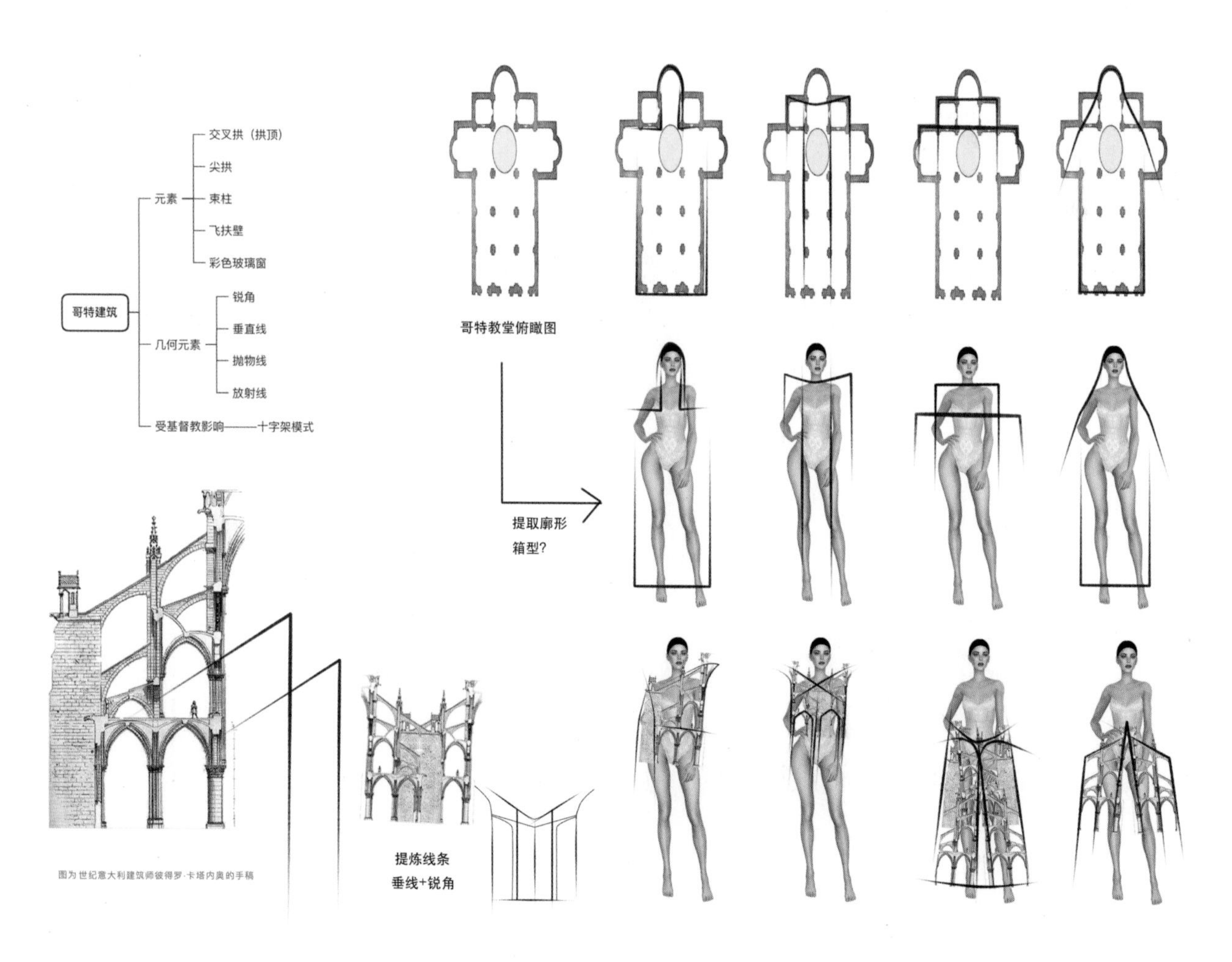

112

图 2.112 主题要素的提炼

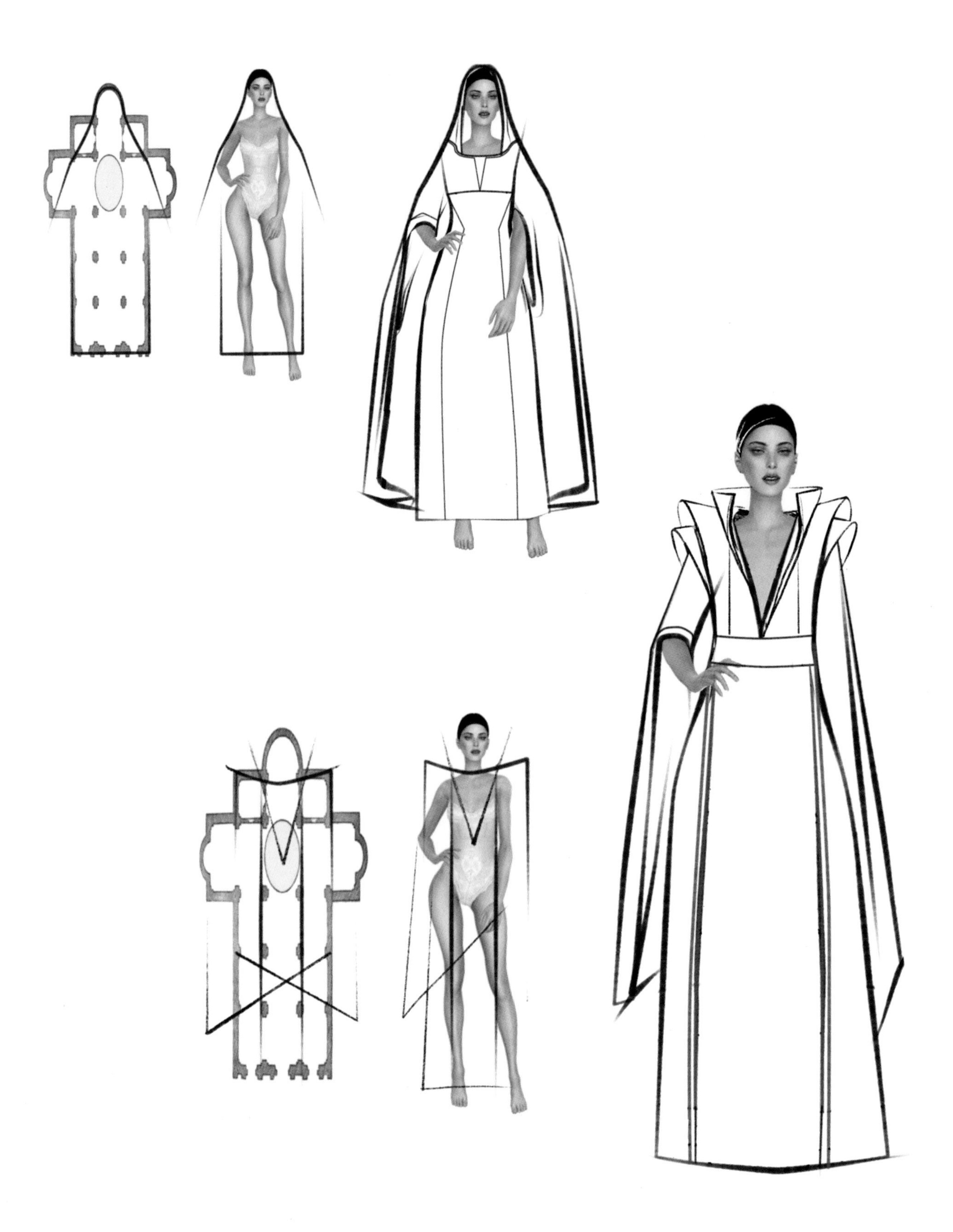

113

图 2.113　主题要素与服装的融合 1

114

图 2.114　主题要素与服装的融合 2

115

作业点评

该系列作品是为歌剧 *Dido & Aeneas*《狄朵与埃涅阿斯》所设计，作者在研究了古典戏剧的情节和人物特点后，尝试将服装与中世纪建筑结合，对哥特式教堂进行了造型元素的研究，从服装设计角度进行了造型元素的借鉴、融合，得到具有哥特建筑美感的系列舞台服装（图 2.115）。

图 2.115 “教堂”系列舞台服饰设计效果图

8. 课程小结

“变形的积木”在运用搭建规律的基础上增加了对“积木”本身的创意设计，加深了设计的思考深度和练习难度。“初阶练习”学习的是如何运用服装已有的元素进行变化，而“进阶练习”则是通过加入新的元素，训练学生在款式设计过程中对某种特定的对象形态进行借鉴和融合的能力。

三、高阶练习：“穿越的积木”

“移觉——元素的感官迁移与设计表达。”

在熟练进阶练习内容后，设计训练由单纯的元素变形转为对抽象概念的具象表达。以抽象概念为命题范围，如温度、记忆、时间等，通过多维度的感观迁移和元素具象化，形成体现主题内涵的设计作品。

服装不仅仅是视觉的，也是触觉的、听觉的甚至是嗅觉的，高阶练习引导学生不仅仅停留在视觉元素的感知层面，而是进入多种感官协同的设计思考过程。高阶训练有助于理解不同形式的文化内涵在服装载体上的创意表达，而对内容的创意性输出是设计的工作重心之一。

1. 教学设计

1）介绍训练内容、目标和作业要求。

2）提供实物供学生进行课堂互动。

3）组织学生进行小组讨论。

4）引导学生运用所学思维方法开展自选主题设计。

5）个人设计过程指导。

6）作品展示与评价。

在作品展示环节，要求学生注意仪态和设计表达的精准性。

在评价阶段，邀请小组成员进行自我评价，然后开展小组互评，最后是教师点评。

2. 教学内容

（1）移觉与多感官协同

“移觉”也被称为“通感”，在文学修辞上指的是通过形象的语言描述客观事物时，使一种感觉向其他感觉转移，将人的视觉、嗅觉、味觉、触觉、听觉等不同感觉互相沟通、交错，彼此挪移、转换、借用，使对象更为生动立体。人的视觉、触觉、嗅觉、听觉等各种官能可以互相沟通，属于人的正常自然现象，反映在艺术与设计领域中，颜色可以有温度，线条似乎会有手感，味道会关联具体形象，这些都是“通感”的结果（图2.116）。

“移觉”训练对于想象力和创造力的启发是十分重要的体验。通过将不同感官的经验相互交织，人们在解决问题时能够从多个角度进行思考，从而创造出独特的感官体验和新的创意方案。这种感知的混合为想象力提供了广阔的空间，避免停留在单一化的思维模式和表达方式中。

116

图 2.116　漫画：有趣的移觉

117

图 2.117 “酸味”的色彩表达练习

在这一学习阶段，教师引导学生通过观察真实对象、分析其外观和内涵特点，用包括视觉在内的五感如触觉、听觉、味觉等方式多维度捕捉事物的特点。通过感官的开放式互通、联想获得多维度的思考方向，最终回到视觉这一表达途径，运用形状、色彩、材质等元素对主题进行输出，图 2.117 为色彩训练过程中的以“酸味”为主题的色彩表达练习。

（2）抽象概念的具象化

在设计过程中，将抽象概念转化为具体的视觉表达是一个至关重要的环节。能够从不同角度探索、深入理解抽象概念对于掌握这一能力是至关重要的。设计师需要仔细研究并分析概念的本质和特点，以便找到最合适的视觉表达方式。 思维导图和概念图是一种非常有效的工具，通过快速绘制各种草图和概念图，设计师可以探索不同的表达方式，将某一抽象概念转化为多种具体的视觉呈现效果，为最终的方案提供多种选择。

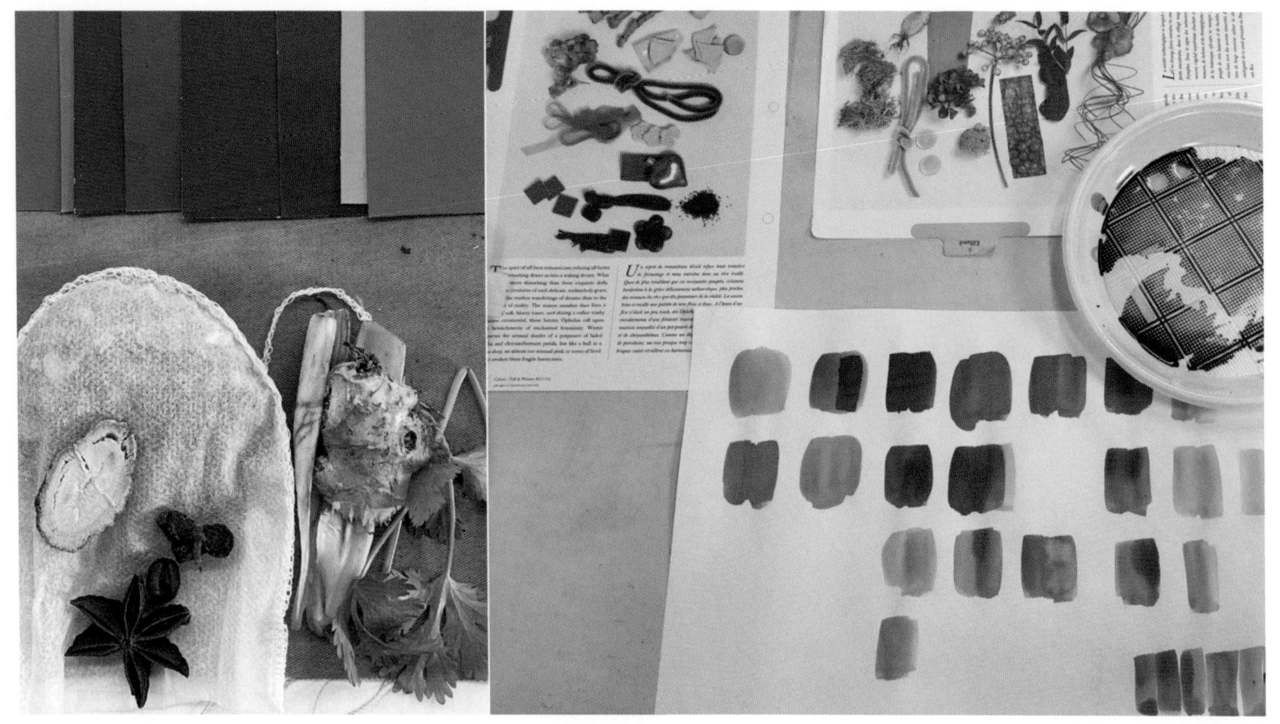

118

119

图 2.118　香料的色彩呈现（作者：周怡伶等）
图 2.119　有关甜的记忆（作者：吴莹莹等）

在这一学习阶段，教师引导学生选择对象并分析与之相关的时间、空间、活动等关键词。用具体的关键词解释或描述对象，如触觉、听觉、味觉、情绪知觉等，将抽象命题进行具象分解。最后，运用移觉手法将多种分解信息转化为视觉元素，如能表达“柔软”的线条形状、能表达“肉桂芳香”的色彩组合等，可以用绘画、拼贴等方式呈现与对象内涵相符的概念图（图 2.118、图 2.119）。

（3）元素迁移在服装设计上运用

当服装解决了人的基础需求如防护、保暖等功能后，消费者进一步追求的是产品背后的文化体验和情绪价值。抽象命题任务在服装设计中十分常见，诸如消费行为、品牌文化维护等工作都涉及对抽象对象的深入研究和具象呈现（图 2.120）。通过视觉元素的搭建，将一种抽象的文化内涵在服装这种具象的载体上准确地表达出来，以获得消费者的认同和喜好是设计的核心工作之一。

在这一学习阶段，教师引导学生在前两项练习的基础上，将与主题相关的关键词和感官元素注入服装这个“容器”，如温和的廓形、激进感的撞色、神秘感的闪烁材质等。通过练习元素迁移和视觉的语言转化让学生建立对抽象概念进行具象呈现的能力（图 2.121~ 图 2.122）。

图 2.120　雨季的印象（作者：熊羽辰等）

121

122

图 2.121　元素迁移之“夏”（作者：岳玉洁等）
图 2.122　元素迁移之“秋”（作者：刘天琪等）

练习一　移觉练习

123

图 2.123　练习过程

图 2.124　主题印象

练习步骤

1）提供实物如巧克力、香料、干花等物品进行现场互动和移觉训练。

2）学生以小组（3~4 人）形式围绕实物对象进行关键词讨论，用拼贴对实物对象的感官特点进行可视化表达（图 2.123、图 2.124）。

3）对拼贴作品开展互评和同伴学习。

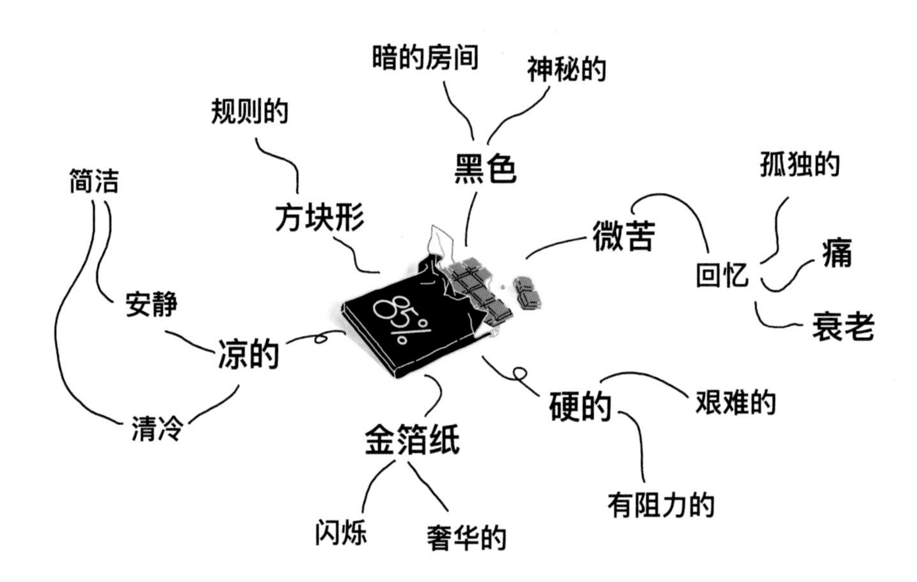

124

◆**作业示范**（图 2.125、图 2.126）

"85% 黑巧克力"

125

图 2.125　小组 1
图 2.126　小组 2

126

通过现场品尝不同纯度的黑巧克力，来自 2016 级的两组学生分别用拼贴表达了各自对黑巧克力的不同感受和理解。互动结束后，小组之间会相互观摩别组的作品并给出自己的评价，这是一个非常有趣的过程。

练习二　将抽象概念转换为具象元素

练习步骤

1）引导学生将移觉训练的联想方法运用于抽象概念的具象化中。

2）提供多个抽象命题供学生讨论，如无人地铁；傍晚7点；温热的红茶；等等。

3）引导学生围绕命题展开自由联想（跳跃性的或叙事性的）。

4）通过小组讨论和头脑风暴列出能表达命题对象的关键词。

5）将关键词转译为具象的视觉要素，如形态、色彩、质地等，组合出可表达主题内涵的灵感展板（图2.127）。

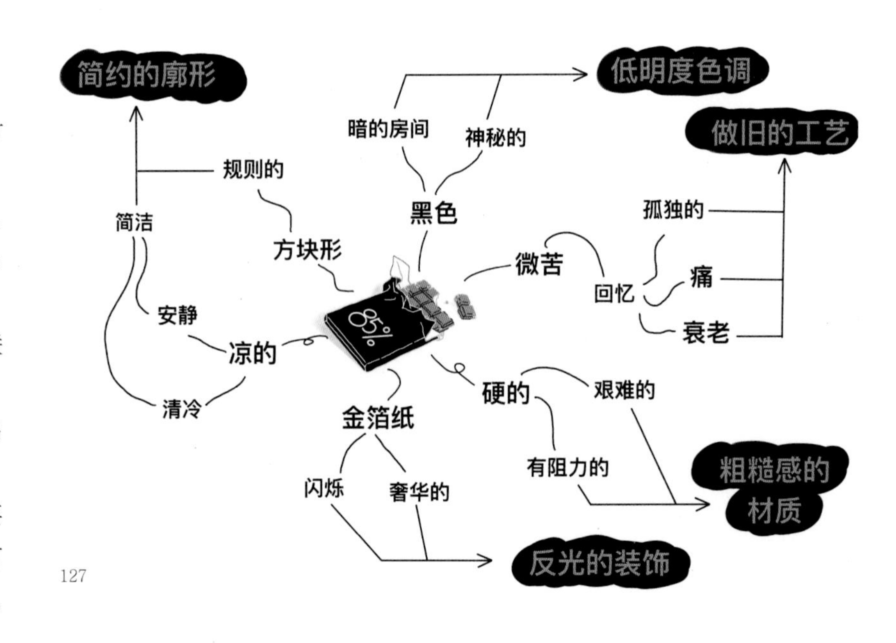

图2.127　主题印象的服饰语言转化

◆作业示范（图2.128、图2.129）

1. 主题词“安静的光”

2. 主题词“压抑与危机”

学生先根据命题展开讨论和关键词联想，用拼贴完成概念图，然后根据概念图中的色彩、秩序、氛围等元素进行服饰语言的转化，完成了对应的面料肌理设计。

图2.128　作业示范“安静的光”

129

图 2.129 作业示范“压抑与危机”
图 2.130 分阶练习的次第关系

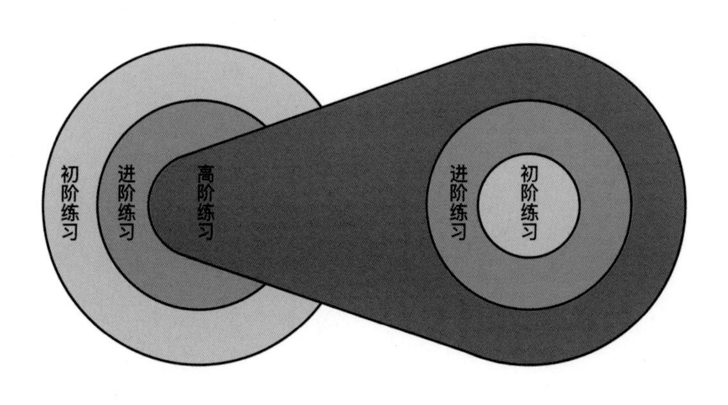

130

练习三 元素迁移在服装设计上运用

练习步骤

1）任意选择命题，运用练习一和练习二的方法开展抽象概念的具象分解，整理出与主题相关的视觉要素。

2）运用进阶练习的“积木变形”手法将视觉要素与服装造型相结合，形成与命题内容吻合的基础款型。

3）运用初阶练习的“积木拼搭”手法，将基础款拓展出变化款完成命题下的系列设计。

高阶练习是对初阶练习的技术运用和价值提升，而初阶练习不仅是基础、起点，也是核心技能，因为元素的排列组合即“积木搭建”技术是进入高阶练习阶段的必要基础和必备技能（图 2.130）。

3. 作业示范 1

主题：浮勇者［图 2.131~ 图 2.134（作者：蒯月）］

图 2.131　主题阐释

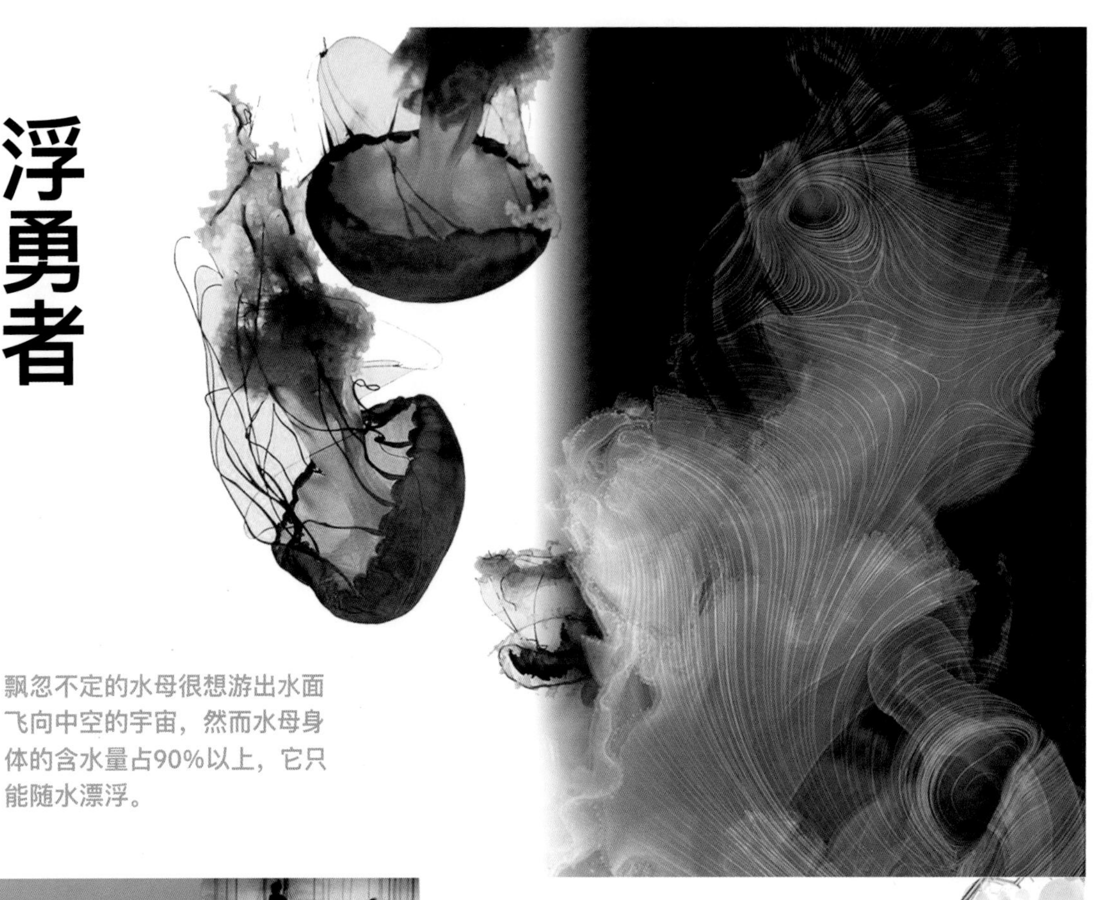

有研究表明，陆地生物是由海洋生物进化来的，那么我们对于克服重力向天空中漂浮的愿望，是不是也有一部分源于惯性的返祖呢？

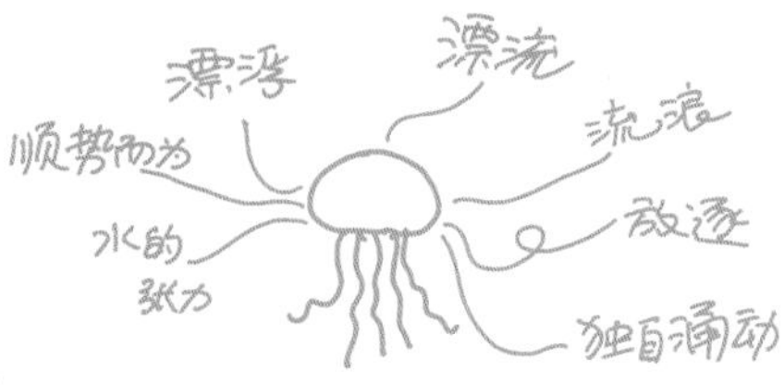

131

在研究水母的生存形态的同时，作者在一部拍摄于水下的无声艺术短片中找到了共鸣，通过参考水下的舞蹈动态和氛围开始了对设计方向的探索。

“我能通过这部短片来分享我此生最深刻的痛苦。在此片中，我为这些痛苦加入了些优雅，以使它不至于太过粗糙。我将它浸入水中，以使它不至于太过沉重。”

——舞蹈艺术家朱莉

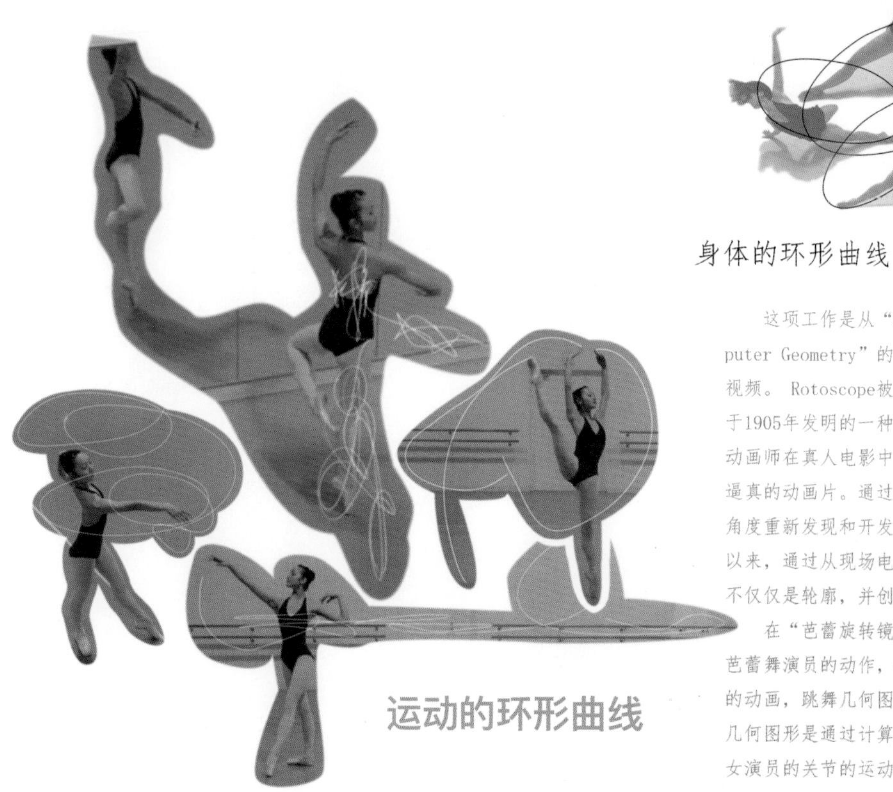

这项工作是从“Rotoscope”和“Computer Geometry”的研究中创建的一个实验视频。Rotoscope被认为是由Max Fleischer于1905年发明的一种创造动画的传统技术，动画师在真人电影中勾勒出演员轮廓，制作逼真的动画片。通过研究，我们从一个新的角度重新发现和开发了这种技术，从2003年以来，通过从现场电影中提取各种信息，而不仅仅是轮廓，并创建实验电影。

在“芭蕾旋转镜”中，通过提取跳舞的芭蕾舞演员的动作，创造了在空中画的轨迹的动画，跳舞几何图形，由纪实图片组成。几何图形是通过计算机几何算法连接芭蕾舞女演员的关节的运动。通过展现抽象动画与现实运动和纪录片的互动，我们的目标是代表一个完整的新型美。

132

图 2.132　元素分析

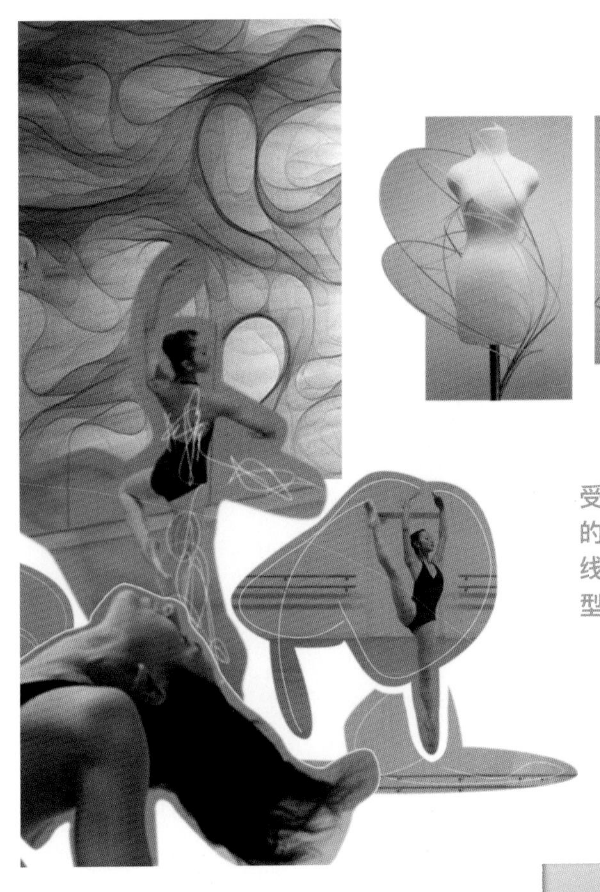

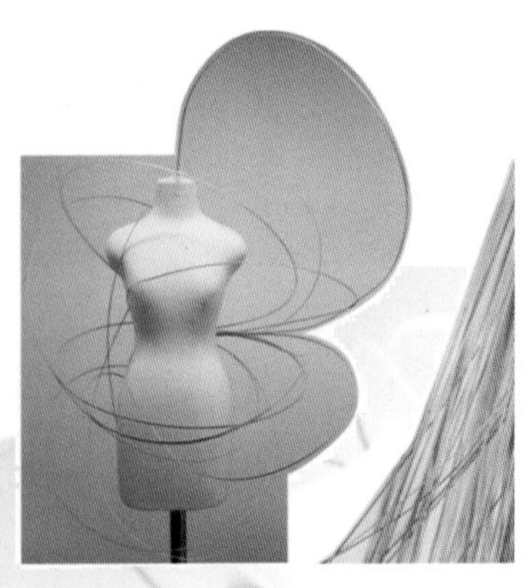

受舞蹈运动轨迹的启发获得一系列优雅的线条元素，用带有张力的藤条将环形线条在人台上进行还原，得到服装的造型灵感。

荧光PU
折叠的
透明
流苏
浮雕装饰
流动
气泡
欧根纱
轻盈

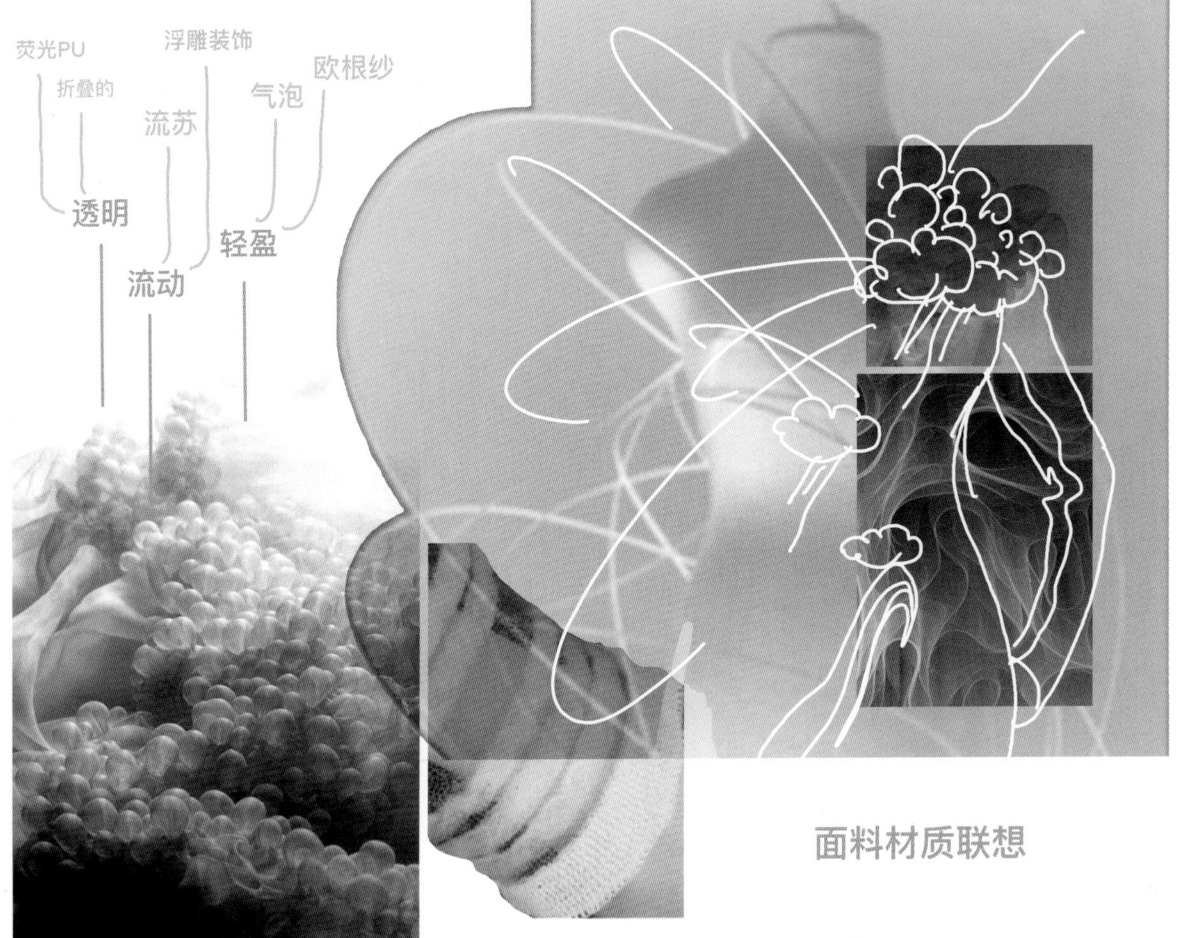

面料材质联想

133

图 2.133　设计过程

作业点评

作者试图表达一种自由空灵的主题，先以水母作为研究对象，对其生态外观、活动特点、生存环境等方面进行分析和图形元素收集。根据水母的运动形态过渡到人体在舞蹈过程中的曲线轨迹。从肢体和运动轨迹的曲线展开服装廓形的联想，得到一系列有趣的廓形设计。最终的设计效果图融合了概念的表达和造型的美感，非常富有创意。

由线条元素拓展出系列服装造型。

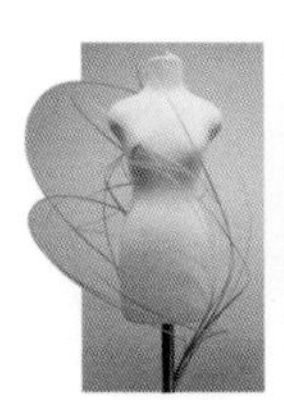

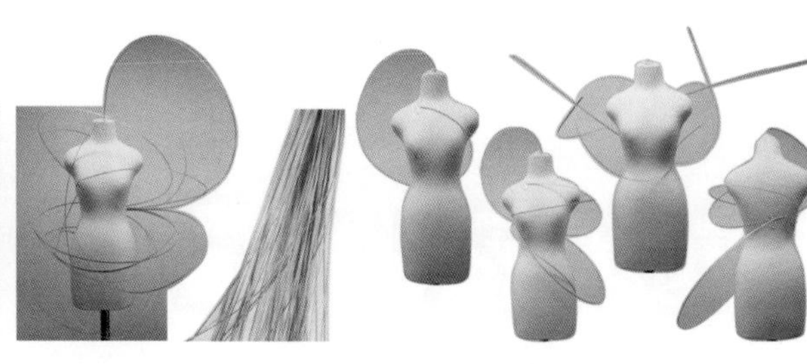

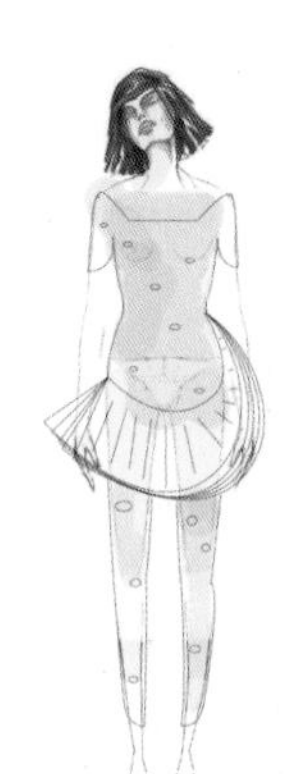
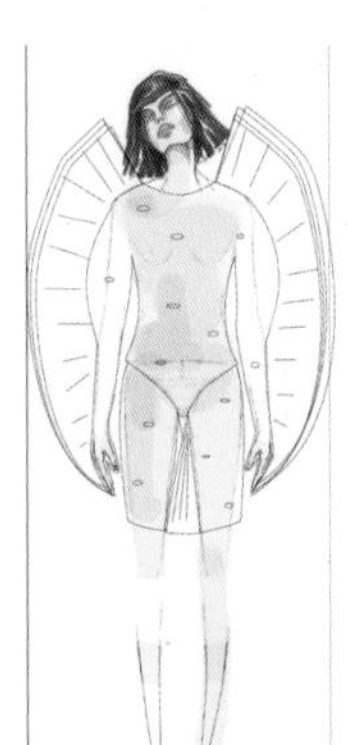
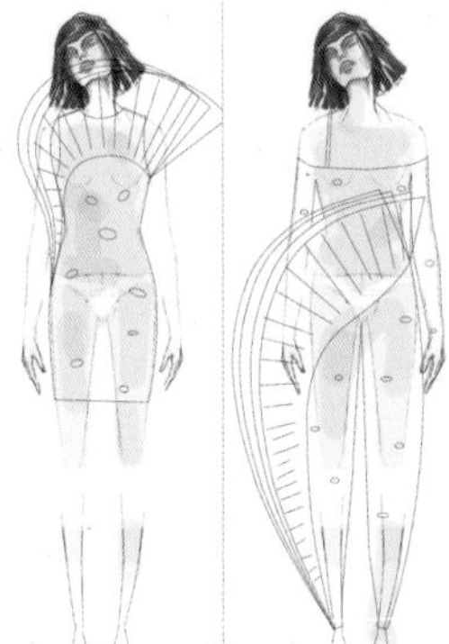
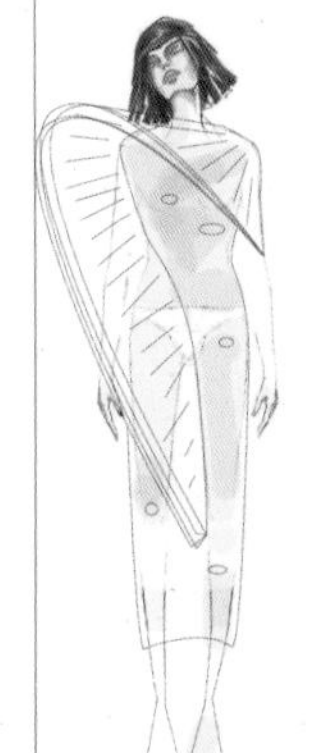
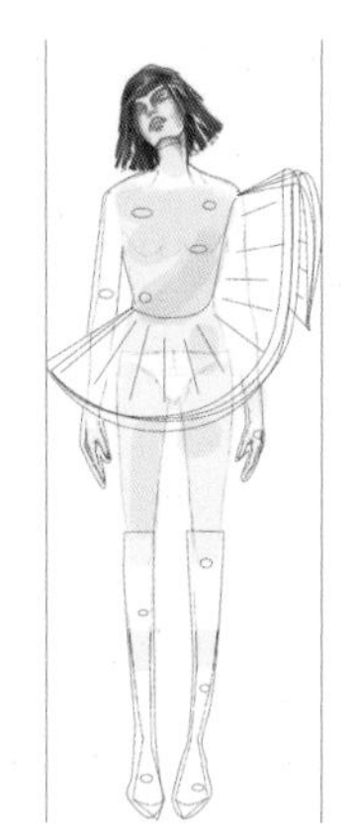

最终效果图

134

图 2.134　效果图呈现

4. 作业示范 2

主题：遗存的记忆 [图 2.135~ 图 2.146（作者：宋杰如）]

135　　图 2.135　选题与印象创建

探索主题有关的线索和文化背景，罗列与主题词相关的图像，将主题的内涵可视化。从图像的色彩和肌理中寻找设计的方向（图 2.136）。

主题灵感分析

136

图 2.136　主题图像匹配联想词

主题灵感转化

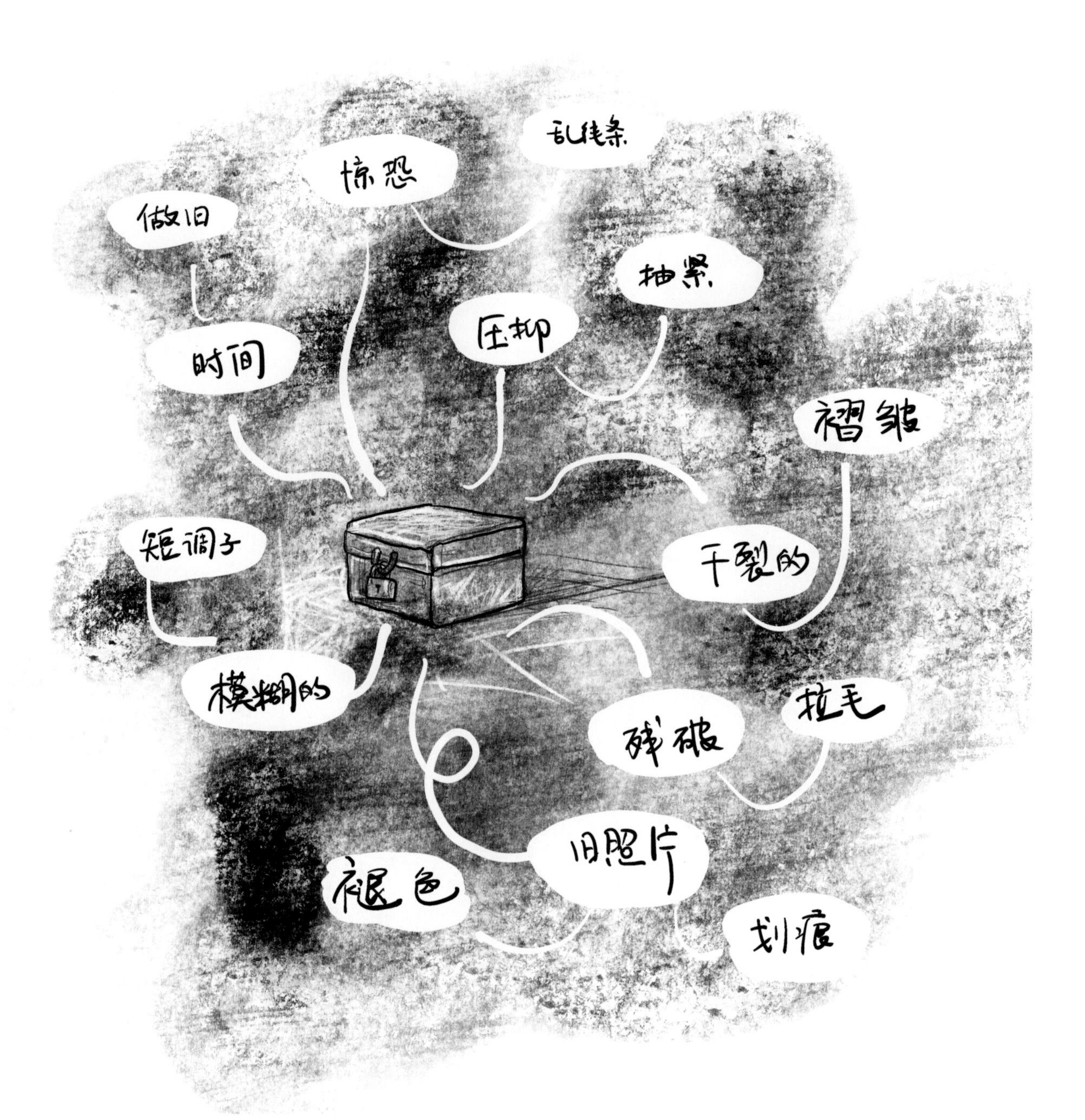

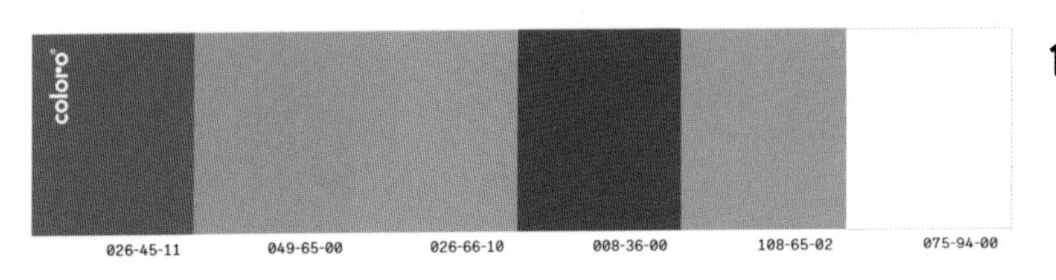

色彩提取

137

图 2.137　联想词的造型语言转化

通过多种手法制作与主题印象相关的材质肌理效果（图 2.138）。

主题的质感表达

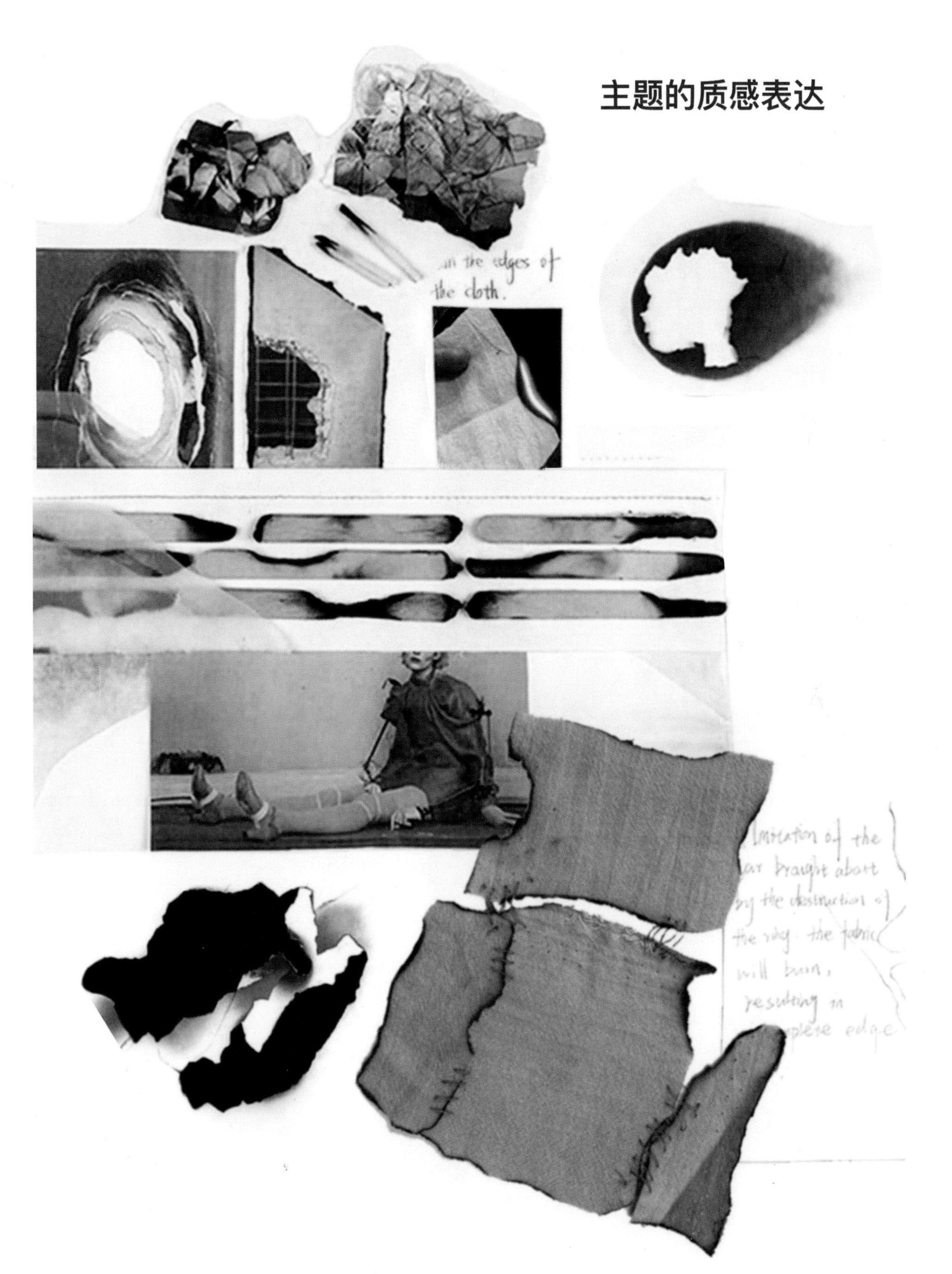

138

图 2.138　材质肌理的语言

主题的面料实验

139

图 2.139　面料的肌理实验

主题的设计研究-1

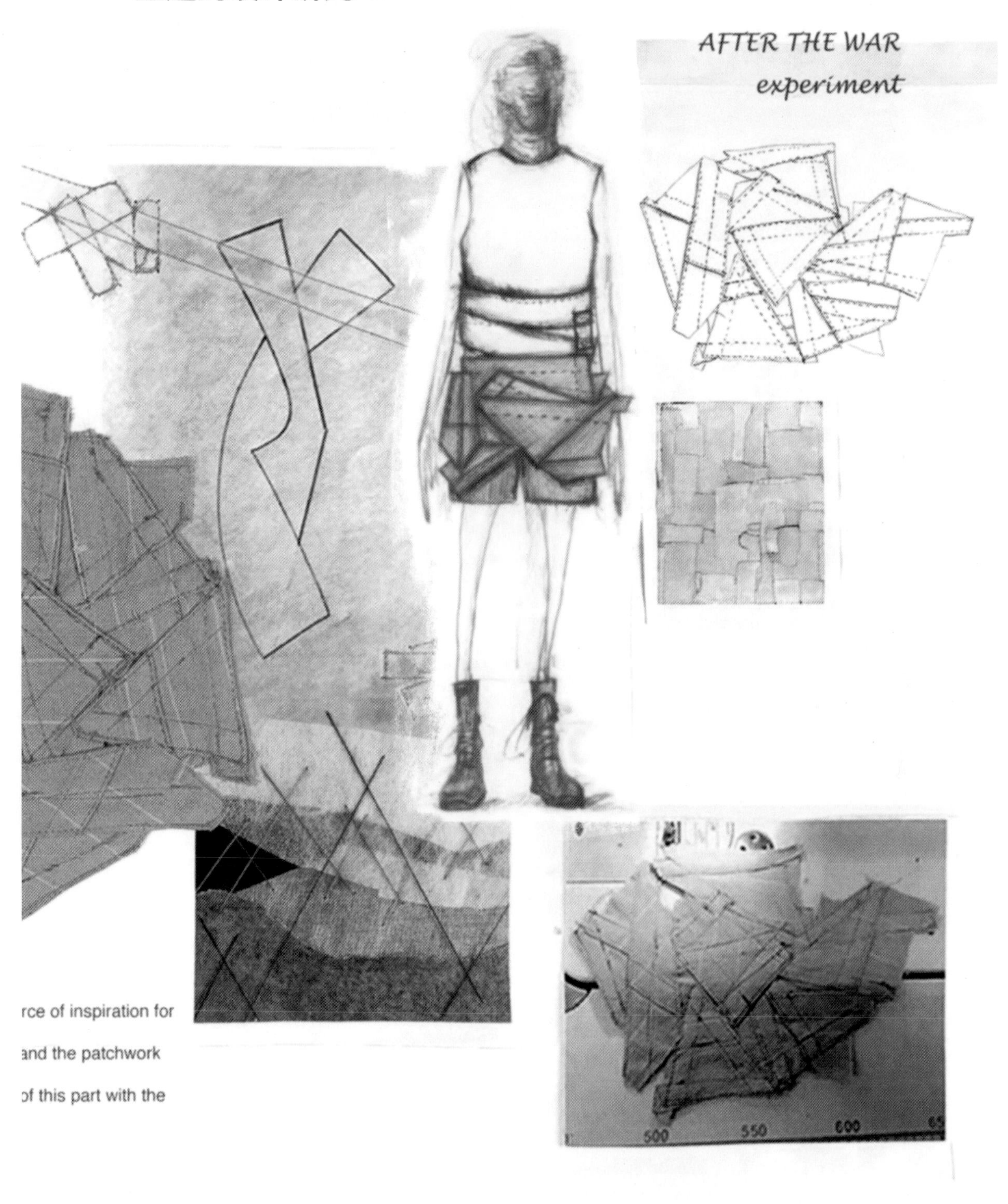

140

图 2.140　有关造型与工艺的研究

141

图 2.141　有关造型与结构的实验

主题的设计研究-2

AFTER THE WAR
devolopment

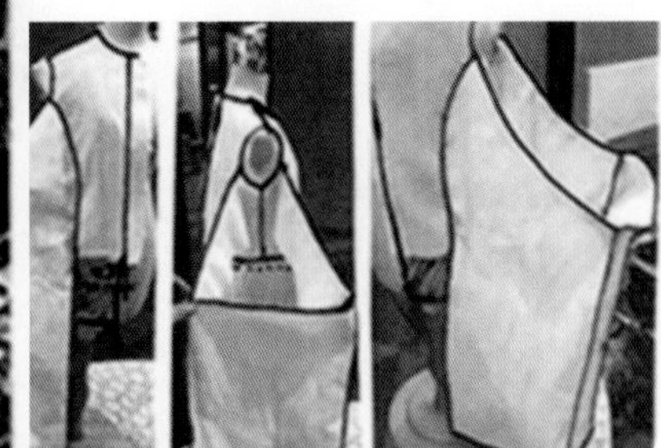

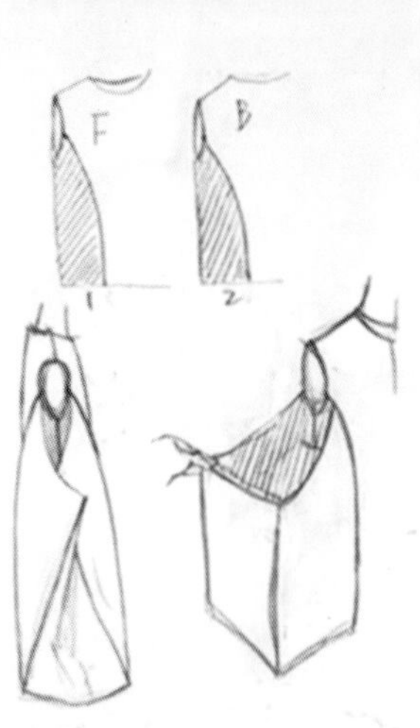

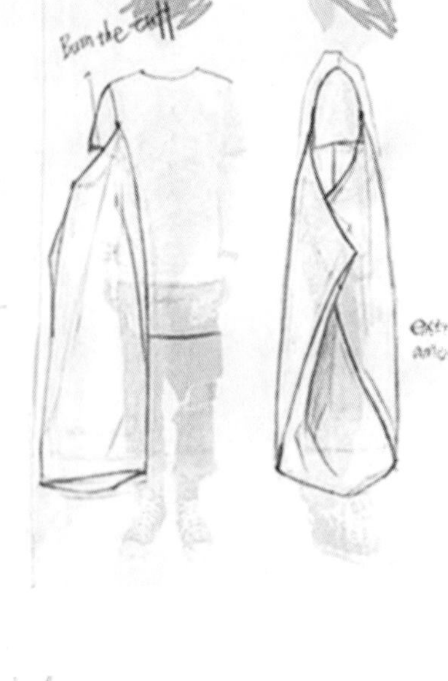

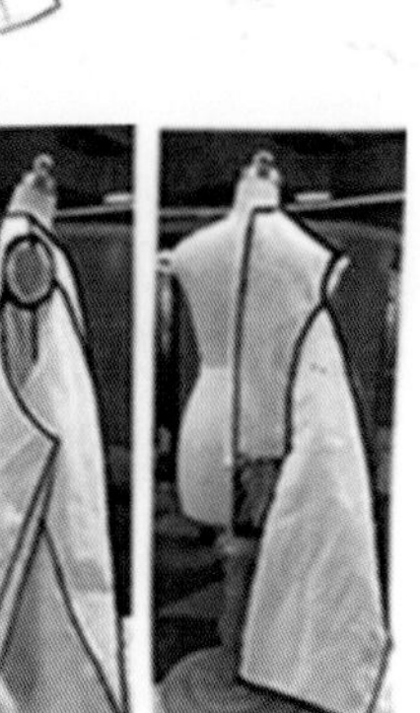

142　　图 2.142　有关造型与面料的研究

主题的设计研究-3

143　　　　图 2.143　有关主题的局部装饰设计

效果图 AFTER THE WAR

144

图 2.144　服装效果图

AFTER THE WAR

technical drawing

结构图

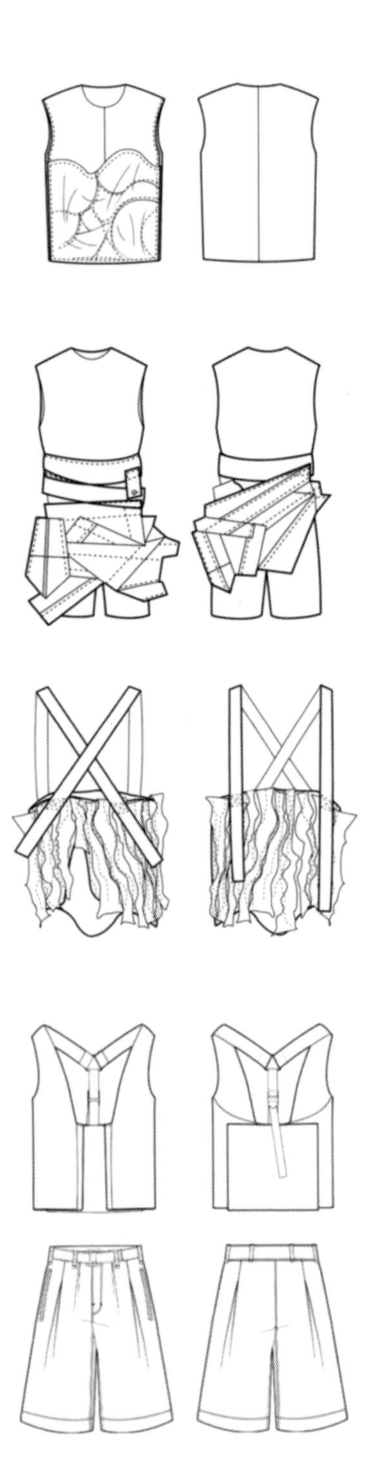

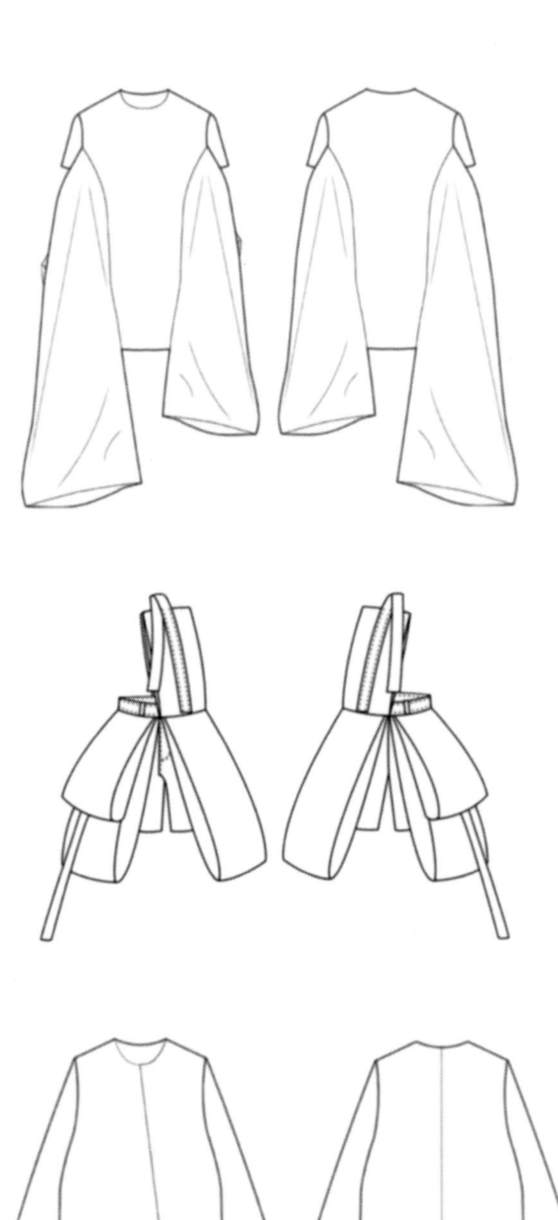

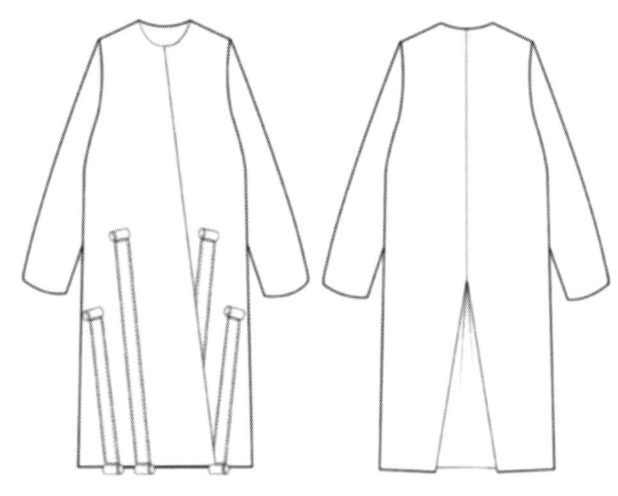

145

图 2.145　服装结构图

作业点评

在一项以“情绪”为选题范围的练习中，作者选择了“战争创伤”作为设计的研究方向，从灵感分析过渡到服装形式语言的转化，最终完成了名为“遗存的记忆”的设计作品。作为高年级训练内容，面料肌理实验和服装坯样的制作是必不可少的，引领这些实践步骤的关键，是最初的灵感分析以及对理念的可视化解读。

成衣照片

AFTER THE WAR

146

图 2.146 成衣照片

5. 课程小结

"进阶练习"学习的是如何创造个性化的服装元素，而"高阶练习"则是围绕探索维度和多感官沟通来训练学生如何将抽象概念或文化内涵在服饰这种载体上进行创意输出。"穿越的积木"在前两项练习的基础上增加了对抽象命题的解析和手法运用，进一步提升了设计的难度和思考的深度，但同时也为"如何将文化创意在服饰这种载体上进行输出"作出了解答和示范。

本章总结

第二章详细介绍了学习款式设计的三个练习阶段，即通过针对性的训练方法来提升学习者的设计造型和思维拓展能力，在完成三个阶段的学习与训练后，建议学习者通过常态化自我训练让已习得的技能保持在最佳的水准。

第三章　科技赋能——AI 时代的人机协作

当人们还在争议虚拟数字技术对传统实体艺术带来的是机遇还是灾难时，AI 技术正在与各个行业发生交集并崭露头角。不得不说，生成式人工智能技术如 Midjourney、Stable Diffusion[4] 等工具带领一众设计领域突破了原有的工作方式进入全新的时代，它通过模仿人的审美偏好与创造力，改变了传统设计师的工作方法和维度，引领艺术设计进入新的纪元。尽管存在怀疑和不接纳的态度，行业与设计师们拥抱 AI 已经是大势所趋。

AI 技术通过分析、学习人脑的对图形的处理方式和需求，借助参数化设计可以模拟出匹配度极高的设计结果。由于算法处理信息的数量和速度远远高于人脑，AI 技术正在被广泛用于辅助创作或产品设计的场景中。以 Stable Diffusion 为例，作为基于深度学习技术的一种人工智能绘画生成工具，它被用于与造形、图像相关的多种设计任务中，如建筑、平面、首饰等。在服装领域，Stable Diffusion 可以通过采集服装款式特征来生成新的服装款式。面对已有的海量数字图像，Stable Diffusion 不仅可以通过输入关键词来进行精准的选择、运用，还可以通过“喂图”的方式来识别指定图像风格并建立特殊模型库来开展个性化设计，只需要几秒钟就可以产生一系列与模型风格一致的变化款。

AIGC（AI-Generated Content）绘画软件通过学习大量的图像数据，借助卷积神经网络、生成对抗网络等结构掌握了识别和生成图像的能力，这与人类视觉系统通过观察和学习图像来理解和创造视觉内容的方式有一定的相似性。人类艺术家在创作过程中会综合使用他们的知识、经验、情感和审美来创作作品，而 AIGC 系统则通过算法模拟这一过程，在给定的指令或提示下生成图像[5]。

以设计师为例，借助 AI 进行设计的过程可以被概括为图 3.1，设计师选取初始的图像数据集供算法学习，训练 AI 生成模型，最后设计师从输出的图像中

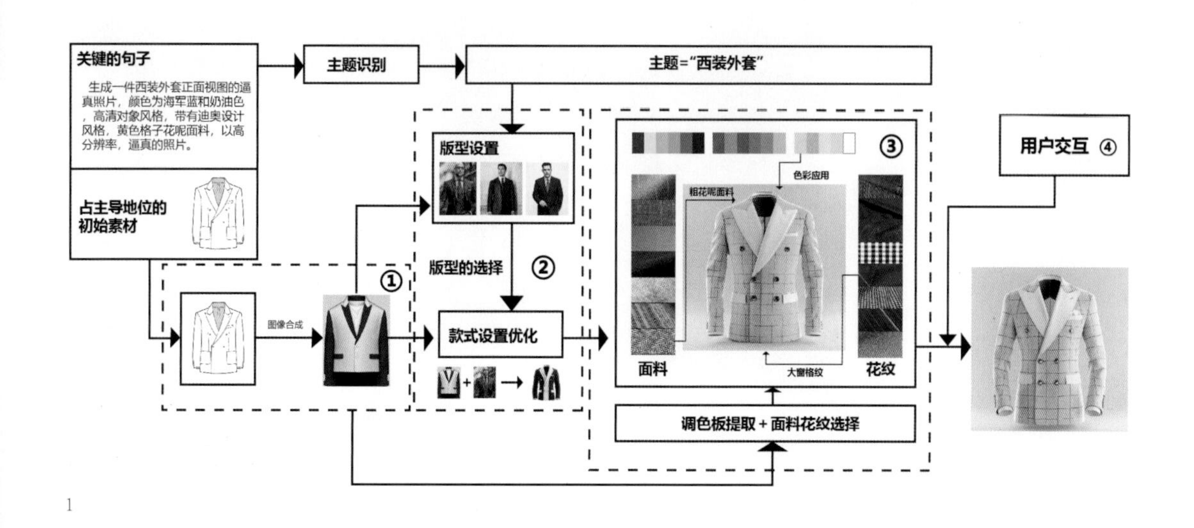

1

图 3.1　AI 生成服装设计作品的基本流程

[4] Stable Diffusion 是一种用于建模和生成高质量图像的生成模型。它是由 Facebook AI Research（FAIR）于 2021 年提出的一种基于扩散过程的生成模型。
[5] Mazzone, M.; Elgammal, A. Art, Creativity, and the Potential of Artificial Intelligence. [J]. Arts, 2019, 8(1): 26. DOI: 10.3390/arts8010026

选取出适合的输出图像作为最后的作品。

面对强大的 AI 生图技术，花时间在机器上训练数字模型是否比设计师亲手打磨设计元素更有价值？学习设计是否不再需要传统的美术训练作为从业基础？这个思考呼应了当代有关“机器是否会替代人？”的诘问。

设计服务于需求，回顾近代科技发展史，每一次的技术迭代最终还是无法脱离创造者和使用者对需求的定义，而创造者和使用者是“人”。对需求的定义随着时代和人群的更新而改变，这种不确定性直接影响了设计决策和审美偏好。AI 技术虽然极大地提升了服装设计的效率，但其工作原理依然植根于“人”的设计行为。

未来的服装设计大概率会呈现为人机协作的工作形式，但扎实的行业知识和设计认知对设计师而言依然必不可少。 唯有理解服装造型元素以及元素之间的互动规律，才能在“创意理念”和“技术实现”之间建立人机沟通桥梁。

一、设计动作与参数化概念

本书第一章中“底层逻辑”以及第二章中强调“积木”的概念与“搭建”的逻辑，这些内容将复杂的设计理念和动作,梳理成一种“通用的模型”和“普适的规则”，初阶与中阶训练不仅用于建立基础概念和方法认知，也可以成为设计师在接触 AI 设计技术之前的程序训练——理解并精通“人的设计动作”才能理解如何通过调整参数来进行 AI 辅助设计。

服务于设计师的 AI 图形创作，其核心控制之一是对参数的控制。参数概念最早出现于数学领域，参数化设计的核心是选定可调项目并限定调整方式，当设计理念被数据化，在初始原型的基础上，可以通过调节参数生成理想的参数化造型。

在服装设计工作过程中，设计师调整一个款式会做出一系列设计动作，如保留廓形不变，仅对做图案的位置做出改变；或保留袖山的造型，仅对袖长做出变化；或整件服装从轮廓到口袋盖的装饰线条都采用优雅的流线而非折线，等等。这一系列动作的实质是设定了设计要素中的变量和非变量以及变化规则。转化为计算机程序语言，即定义了关键参数和逻辑关联，由设计操作的规则产生对应的设计结果。这便是传统设计过程中“对感性风格的把控”的理性执行。

下面以图 3.2 Alexander Mcqueen 2024 春夏时装 6 中的玫瑰花系列为案例来解释设计的参数项目和变量的含义。

图 3.2　Alexander Mcqueen 2024 春夏时装 6

2

表 3.1

参数（设计元素）	常量（预设的风格）	变量（允许变化的程度）		
		高	中	低
廓形	初始廓形			√
材质	初始材质			√
图案	初始图案	√		

首先，用表 3.1 来描述图 3.2 这个系列的设计理念：图案是高变量，廓形和材质是低变量，即允许将图案做大幅度变化，但要将廓形和材质维持在初始预设的风格范围内。同理，当需要进一步限定图案的具体变化方法时，可以用类似的逻辑的来表述。

表 3.2

参数（设计元素）	常量（预设的风格）	变量（允许变化的程度）		
		高	中	低
图案	初始单位尺寸	√		
	初始位置分布	√		
	初始色彩范围			√

表 3.2 说明了这个系列图案参数的变化逻辑：图案被允许在尺寸和分布位置上做出较大改变，但色彩要维持初始的设定。以上是对服装设计主观审美因素的参数化表达，尽管这只是一个简单的模型，但是可以在一定程度上解释设计语言的逻辑构建。“高中低”仅仅是对变量的笼统表述，在软件中会更精确地表达为百分比或数值。借助 AI 技术来进行设计辅助的过程，就是将人脑对设计元素的主观判断转化到对应的参数项来调整的过程。

3

图 3.3　几何形转化为廓形

须明确的是，AI 技术具有创造性的同时，也具有很强的随机性。那些出人意料的图像的生成为设计师拓宽了思路，但也制造了信息垃圾。随机性恰恰说明了人机协作过程中“人”的重要性，即 AI 需要借助人的干预来降低随机性所产生的大量无用的结果。人对时间和空间的丰富感知力是人工智能的参照样本，这决定了 AI 技术仅可以成为高效助手，却不能取代人类设计师。

二、AI 技术在服装设计案例中的运用

（一）几何廓形的 AI 设计演示

在第二章初阶练习环节中，服装的设计要素如廓形、材质、色彩之间的互动关系，被比喻为“积木的变化组合与搭建”。下面以图 3.3 为例，通过 AI 辅助设计软件的参数设定与工作结果再现这一设计过程。

在第一章的第一节中，不同几何图形的排列组合被用于说明元素的搭建可以形成丰富的服装变化。在 AI 辅助设计的流程中，传统的手动绘制被转化为输入目标款式的关键词描述和几何形状的参考图片，完成这些设定，AI 便能理解并生成相应的服装设计。

以 Stable Diffusion 为例，图 3.4 为软件的操作界面，在提示词输入框内键入描述服装特点的关键词，并挑选合适的图像绘制模型以启动设计过程。

案例中使用的关键词为：一个女孩穿着绿色的裙子，阿方索·穆夏风格，浅米色背景，独自一人，在 T 台上走秀，裙子有荷叶边，中国风服装。

图 3.5 为将几何图形输入给 AI，启动 Stable Diffusion 中的 ControlNet 插件，并选择“软边缘”（SoftEdge）控制模型。此模型专门用于柔化服装的边缘。设计师为了锁定特定的款式风格，通常会使用内置了 ControlNet 插件的专业设计软件。

4

5

ControlNet 是一款能够集成到 AI 艺术生成器如 Stable Diffusion 中的插件，它允许用户通过上传参考图像来精确控制设计生成过程。 设计师可挑选一张或多张具有所需设计风格款式图作为参考依据并作用于最终的结果。

最终生成的图片结合了所输入的几何形图片特征和参考款式的特征，在关键词的控制下进行重呈(represent)，生成一系列既符合几何形态特征又满足关键词描述的服装样式，如图 3.6 所示，对设计结果的评估将成为进一步调整参数的依据。

图 3.4　Stable Diffusion 提示词输入界面
图 3.5　ControlNet 插件图片输入界面
图 3.6　新中式连衣裙系列图像（作者：谢一爵）

6

（二）服装局部的 AI 设计演示

图 3.7 为 Marques Almeida 2024 春夏时装服装局部变化。

在第一章服装设计的底层逻辑中，谈到服装元素具有类似“乐高积木”一样的灵活性。同一个部位的形状、比例、工艺细节等因素可以产生多种变化，在保持整体风格的前提下调整服装局部，是快速获得款式延展的一种方法。将 AI 辅助设计用于改变诸如领口、袖子、裙摆等部位的造型，非常直观高效，能为设计节省大量工作时间和试错成本。

Stable Diffusion 的局部重绘功能允许用户通过画笔工具选择特定区域（蒙版），AI 会在这些选定区域内进行重新绘制，以改善或改变图像的局部细节，同时保持未选定区域不变。这种技术特别适合于精细调整图像的特定部分，如修复、改变对象或添加细节，而无需重新生成整个图像。

如图 3.8 所示，通过使用画笔粗略地描绘出需要重绘的区域，然后设定重绘幅度并调整提示词，能够轻松生成新的款式（图 3.9）。

借助局部重绘功能，设计师可以精确控制图像的特定区域，从而创造出多款风格相似但细节各异的设计。

7

图 3.7　Marques Almeida 2024 春夏时装服装局部变化

图 3.8　标出需要重绘的服装局部

图 3.9　同款不同裙长的连衣裙效果图（作者：谢一爵）

8

9

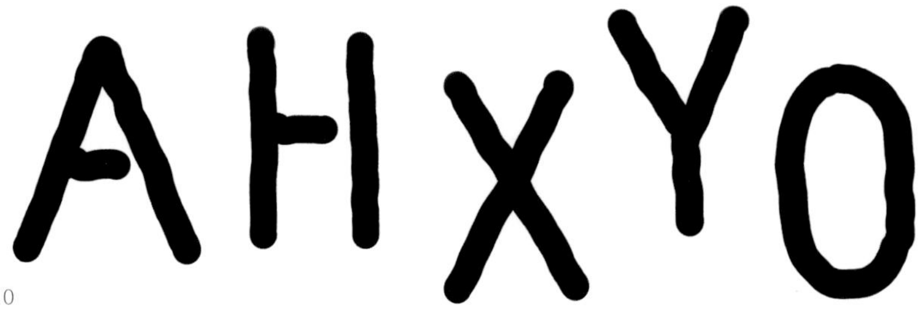

AHXYO

10

图 10　漫画：廓形的“字母代号”
图 3.11　字母廓形服装的概念拼贴（作者：谢一爵）
图 3.12　皮尔·卡丹与他的经典设计

11

（三）叠加元素的 AI 设计演示

AI 不仅可以通过关键词描述建立设计初稿的基础形态，还可以通过叠加新增的图像元素来产生“移植”“嫁接”“融合”的设计效果。下面通过案例展现 AI 在元素叠加方面的表现。

在第二章“整理积木”部分提及“A，H，X，Y，O”这些大写字母的形态代表了服装设计中的几种基本廓形（图 3.10），它们在时尚 T 台上反复出现，经久不衰。AI 技术不仅可以通过输入字母元素图片生成初始廓形，还可以增加特定的参考款式图作为变量的参考模型，与服装初始廓形相结合后，生成与预期风格相符的服装款式。

首先，运用 Photoshop 软件将字母拼贴至模特上，从而直观的反映每个字母所象征的服装廓形特点（图 3.11）。

其次，将目标系列设定为带有 20 世纪未来主义风格，融合复古与现代元素，因此选择皮尔·卡丹的经典设计图片作为参考（图 3.12）。

12

然后，筛选最能体现皮尔・卡丹设计风格的款式图片（以 8～20 张为宜）进行 LoRA 模型训练[6]，建立该系列专属的模型数据库（图 3.13）。

使用 LoRA 模型训练器的 Tagger 标注工具对每张图片和对应的标签进行同名标注（图 3.14）。在 LoRA 训练中，打标是为训练数据分配正确标签，以便模型能够学习并提高对特定任务的反应性能。在 LoRA 训练完成后，通过测试并记录效果最佳的参数和关键词，以便优化或后续使用。模型训练完成后存储至模型库备用（图 3.15）。

接着将最初制作的字母款式概念图片导入 ControlNet 中，通过多次测试来调整参数以获得较精准的造型表达（图 3.16）。

图 3.13　建立特定模型数据库
图 3.14　模型数据库的标签界面
图 3.15　在 ControlNet 插件中输入字母 O 作为服装图片轮廓限定
图 3.16　运行字母“O”廓形插件的设计结果（作者：谢一爵）

13

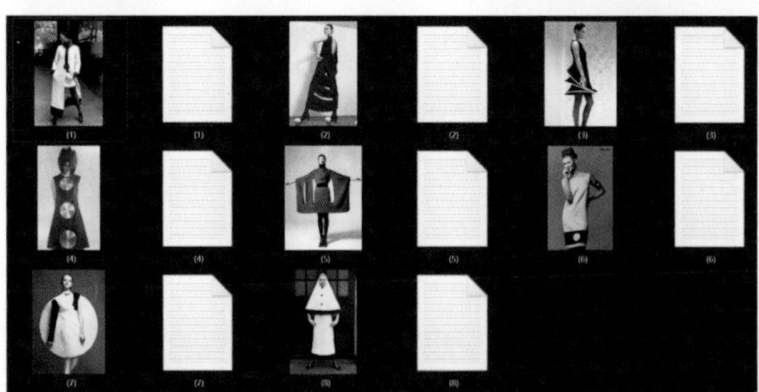

14

15

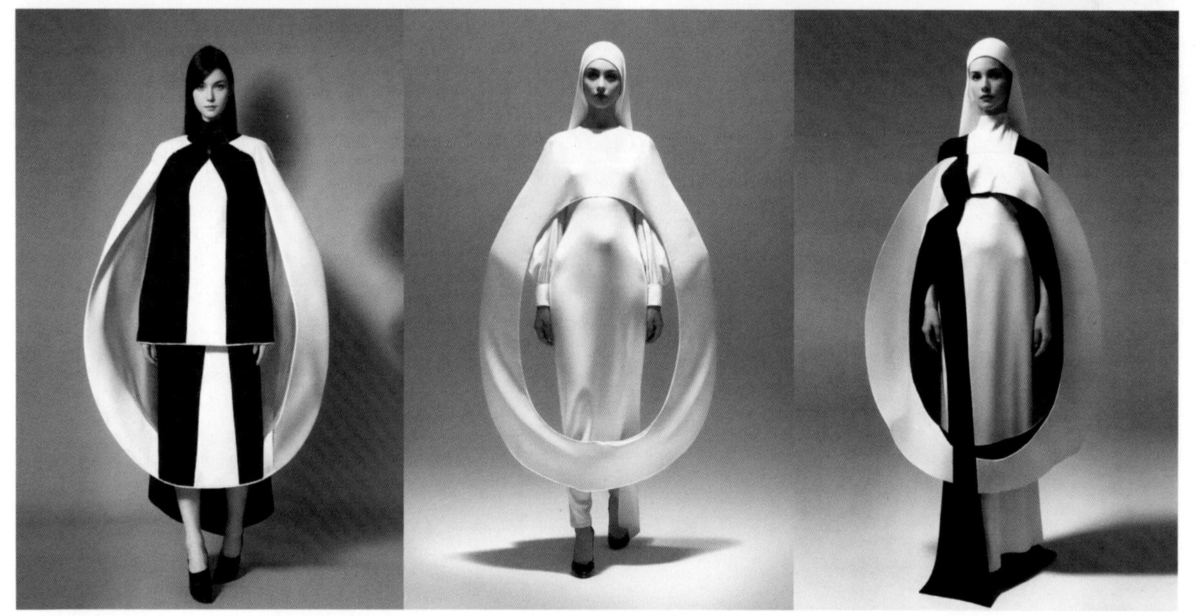

16

[6] LoRA 的全称是 LoRA: Low-Rank Adaptation of Large Language Models，可以理解为 stable diffusion（SD）模型的一种插件

图 3.17 为英文关键词描述，译文：*一位女孩身着幽灵装束，采用皮尔·卡丹风格（权重 0.6*[7]*），灰度，单色，写实风格，独自一人，超现实主义，几何分割，未来感，宇宙主题，礼服，燕尾服，艺术新风格（艺术装饰），未来主义，超现实主义风格，全身像，在 T 台上走秀（权重 0.8），简单背景（权重 1.2），白色背景。*

结合插件指定的字母外形，输入关键词描述并勾选专属模型库进行程序启动，最后生成最终的设计图。

通过以上 AI 设计流程可以在指定服装廓形的前提下，快速地生成大量具有系列感的设计款式图。在结果中挑选最接近设计理念的作品组合成一个完整的系列，如图 3.18 展现了基于字母基本廓形的、皮尔卡丹式现代风格女装。

这种方法的设计思路依托于将设计师的灵感转化为可视化的底图，通过前期的设计拼贴和绘制作为模型为 AI 提供风格方向指导。利用多种智能插件识别形状、颜色等元素，通过收集图片资料，结合特定关键词构建个性化的模型数据库，从而精确地理解并实现设计师的创意意图，生成与预设调性相符的 AI 设计图稿。

这一过程再现了设计师的原生态工作模式，即从设计命题、设计调研、灵感借鉴到设计推演等系列动作的串联。借助 AI 的优势是能够高速、超额完成设计任务，前提是设计师必须同时具备设计大脑和程序大脑，能够转化设计语言并精准调整参数以提高出图的匹配性。

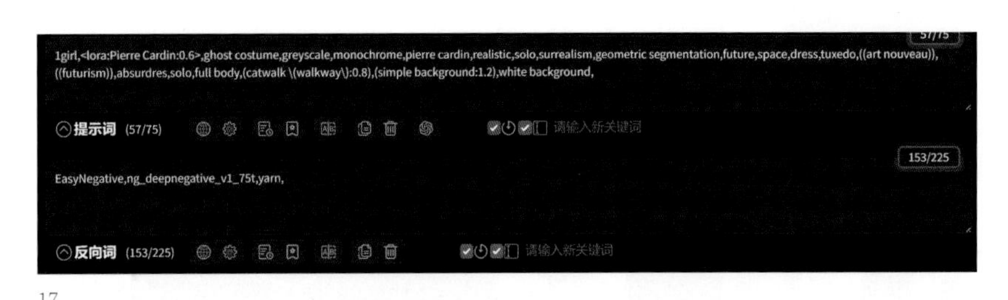

17

18

图 3.17　Stable Diffusion 提示词的输入界面

图 3.18　从 A 到 O 的字母廓形系列服装效果图（作者：谢一爵）

[7] 权重代表这一参数的优先级别

（四）服装配色的 AI 设计演示

运用 AI 技术来寻找服装配色方案是一种非常高效的辅助设计手段。设计师只需输入关键词，AI 系统就能快速地进行大量的颜色排列组合，为设计师提供多种可能的配色方案。这不仅极大地缩短了设计周期，还能够在短时间内呈现出丰富多彩的视觉效果，从而提高设计效率。

结合上文提到的 ControlNet 插件，设计师可以先上传预设风格的参考图。通过 AI 软件的 lineart 功能，设计师可以快速从图像中提取出包含基本轮廓和一些重要细节的款式线稿（图 3.19）。

基于所提取的线稿，设计师可以通过输入风格关键词来产生对应的配色方案。如图 3.20 所示，输入“复古”“赛博朋克”等关键词，AI 将生成对应风格的配色方案。在此基础上，设计师可以继续输入关于颜色、面料和图案的关键词，进一步引导 AI 生成符合需求的设计。

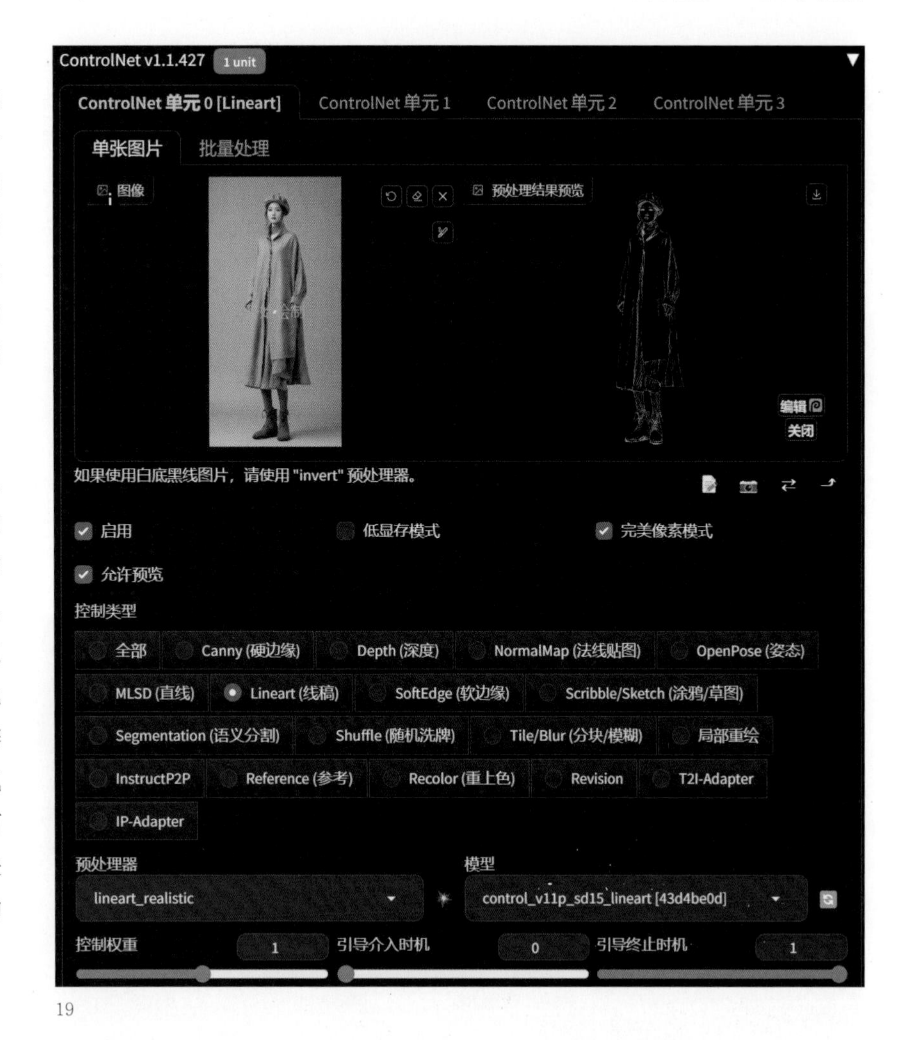

19

图 3.19　ControlNet 插件图片输入界面

图 3.20　不同风格的服装配色（作者：谢一爵）

20

Sunnei 2022SS

21

不仅如此，AI 还常常被用于配色方案的迁移。在常规设计过程中，配色灵感来源通常是指参考已有的配色方案（图像或实物照片）并提取其中的色彩用于新的设计。AI 技术能够精确地将这些颜色巧妙地融入指定的服装设计作品中。无论是简约的色块还是繁复的纹样，AI 都能根据参照模型和参数设定，生成独特而和谐的服装配色。

利用 ControlNet 插件获得如图 3.22 所示的款式线稿，输入图 3.21 Sunnei 2022 春夏设计图获取颜色参数。同步控制两个 ControlNet 插件，将线稿与色彩结合后获得最终的效果图，如图 3.23。

图 3.21　服装的色彩调子（局部）
图 3.22　利用 ControlNet 插件获得款式线稿
图 3.23　利用 AI 从参照款提取色彩方案应用在不同的服装上（作者：谢一爵）

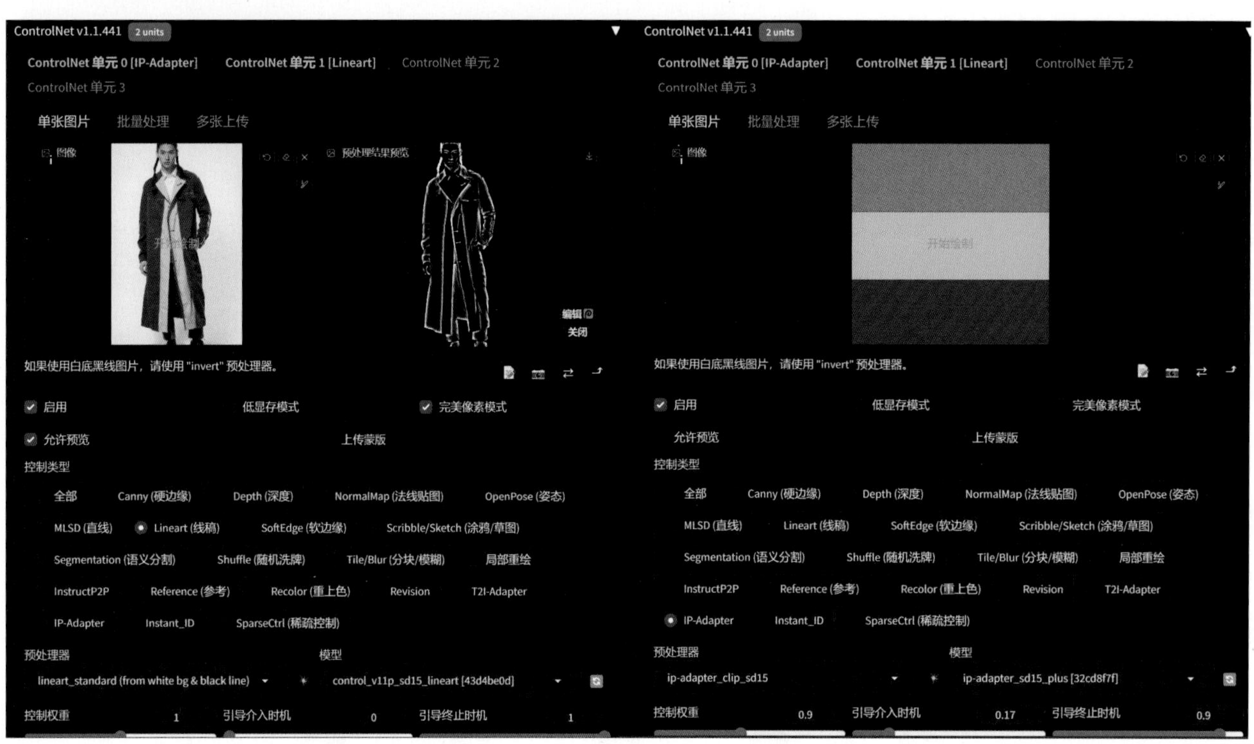

22

23

将 ControlNet 插件与 AI 模型结合使用，在处理同一主题下的系列设计任务时，具有极大的优越性。通过上传参考图像并设置相关参数，如颜色匹配、样式相似度和设计细节等，以指导 AI 生成设计；然后，设计师输入选定的颜色、面料和风格等关键词，以便 AI 更准确地理解设计需求，并生成匹配的设计方案；随后，AI 根据参考图像和关键词生成多个设计选项，这些设计将遵循 ControlNet 中设定的参数，确保款式与参考图像保持相似；设计师从生成的选项中选择最符合要求的设计，并根据需要进行调整，如调整颜色、图案、比例等；最后，设计师对选定的基本款式进行细化，添加个人特色和细节，以确保最终设计能满足品牌和市场的需求。通过这种方式，设计师能够高效地利用 AI 和 ControlNet 插件，生成多样化的配色方案，同时保持设计款式的稳定性，如图 3.24 所示。

Yin Yao represents the line of change and flow
Yang Yao represent strong lines
Reminiscent of the formal beauty of Chinese landscape painting.

where the warm color palette represents Yang Yao and the calm color palette represents Yin Yao, in which the gradient is made to present the flowing beauty of Yin and Yang.

from Diane Gaignoux

Poke the wool into the fabric to create a gradual effect

match colors

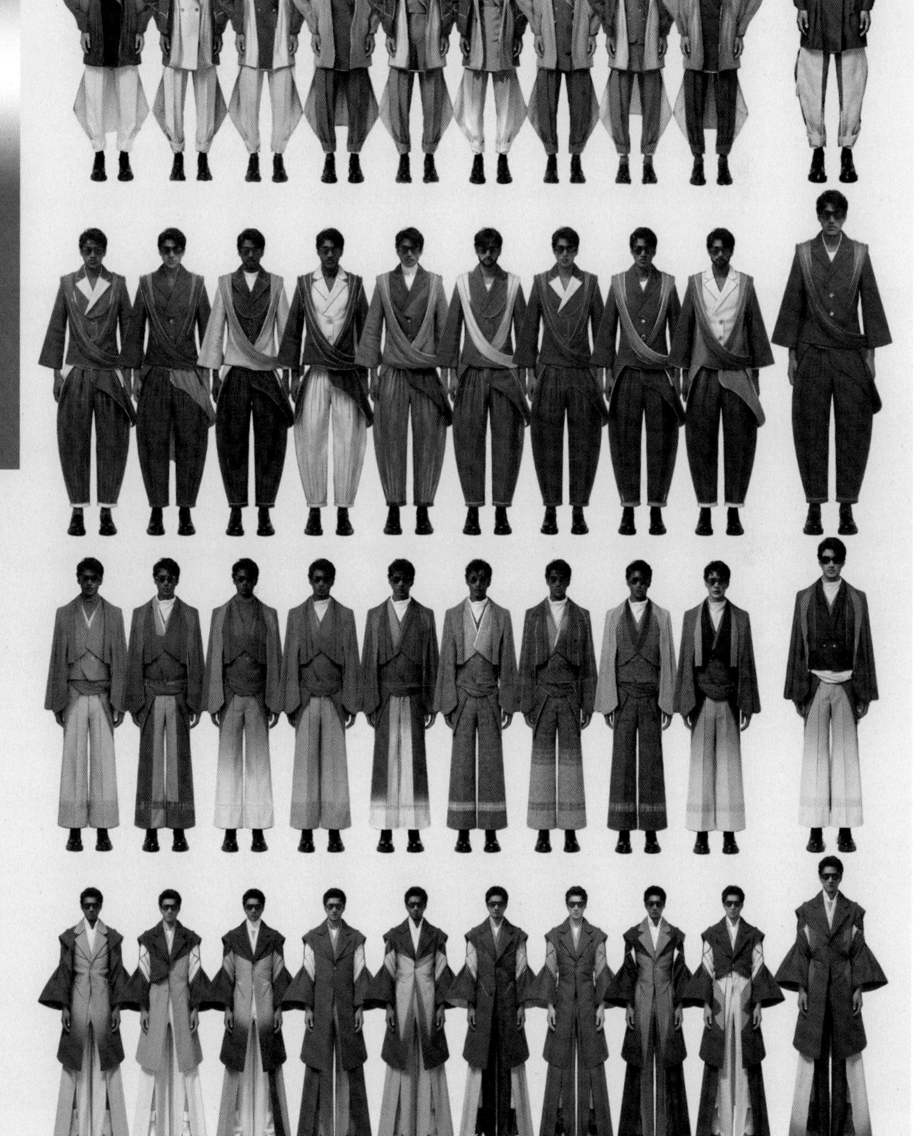

Stable-diffusion try colors

24

图 3.24　同一主题下的服装配色实验（作者：谢一爵）

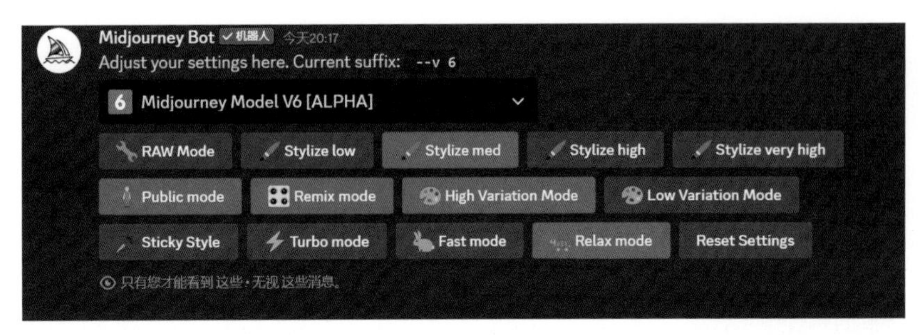

25

图 3.25 Midjourney 的控制界面

图 3.26 Midjourney 生成的模特走秀的图片

（五）服装印花的 AI 设计演示

另一款与 Stable Diffusion 同属于通过 prompt（提示词 / 关键词）来进行文生图或是图生图的软件是 Midjourney（图 3.25）。

该人工智能程序由 Midjourney 研究实验室开发，可根据文本生成图像，旨在帮助使用者将他们的想象呈现于屏幕之上。创始人霍尔兹 DAVID Holz 基于他对"人性化"人工智能的理解，认为人工智能不应该只是一个工具，而应该是人类身体与思想的延伸。Midjourney 基于 Discord 平台提供服务，于 2022 年 7 月 12 日进入公开测试阶段，用户只需要通过输入关键字，就能透过 AI 算法生成相对应的图片。[8]

举例来说，如果想要生成 4 张穿着花朵轮廓裙子的模特走秀的图片，可以直接在 Midjourney 中的提示词栏中输入以下指令："Model runway shows,A flower shaped skirt for clothing display"，生成图片如图 3.26 所示。

26

[8] https://www.thepaper.cn/newsDetail_forward_23756556

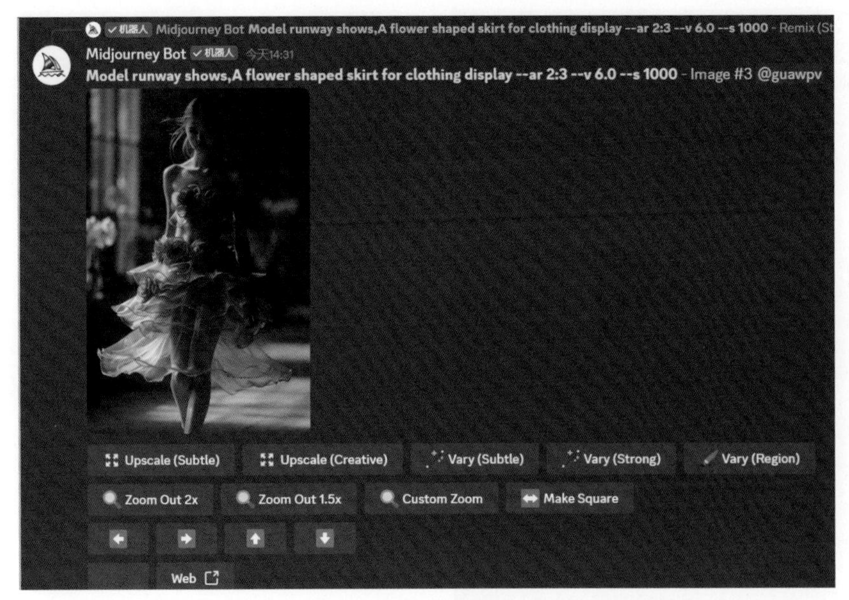

27

该程序可通过点击图片下方的“Upscale”按钮来单独放大并查看细节(图 3.27)。如果需要基于结果进一步探索或优化其他细节，可以在生成的图片中选取较为满意的一张，点击“Vary” 按钮和增加相关参数来生成更多系列图像，如图 3.28 所示。

该程序对文本的理解和图形处理能力之强大，允许富有想象力的人们即使没有绘画技能也可以轻松将他们的想象呈现于屏幕上。在设计领域，为设计师省去了大量绘图的时间和精力，并专注于对创意的反复打磨。

运用在服装设计领域，Midjourney 通过文本描述和已有的模型就可以直接创建款式，下面以向日葵印花女装为例进行 AI 设计过程的展示。

通过输入关键词，可以生成一张展示模特身着向日葵印花连衣裙在 T 台上走秀的图片，如图 3.29 所示。

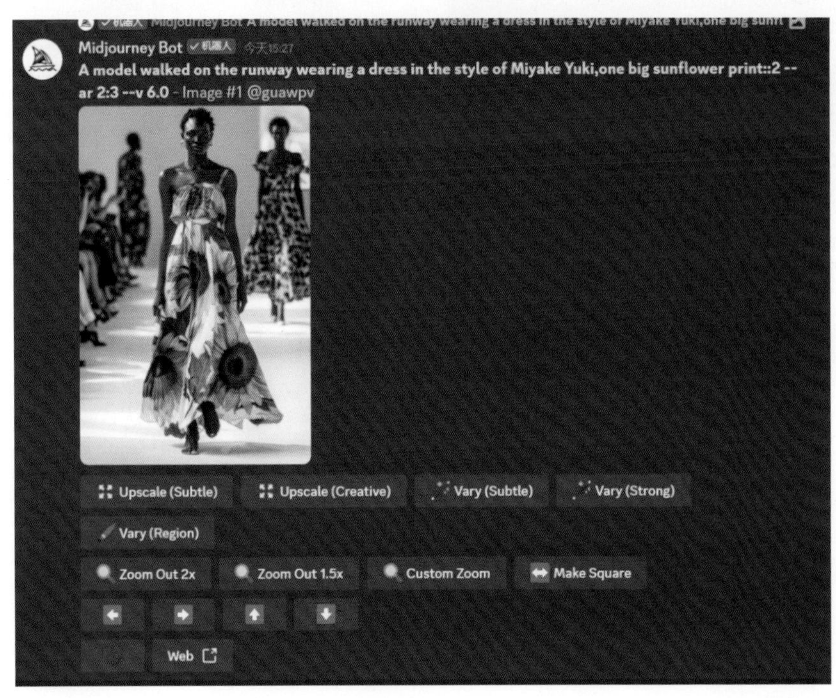

29

28

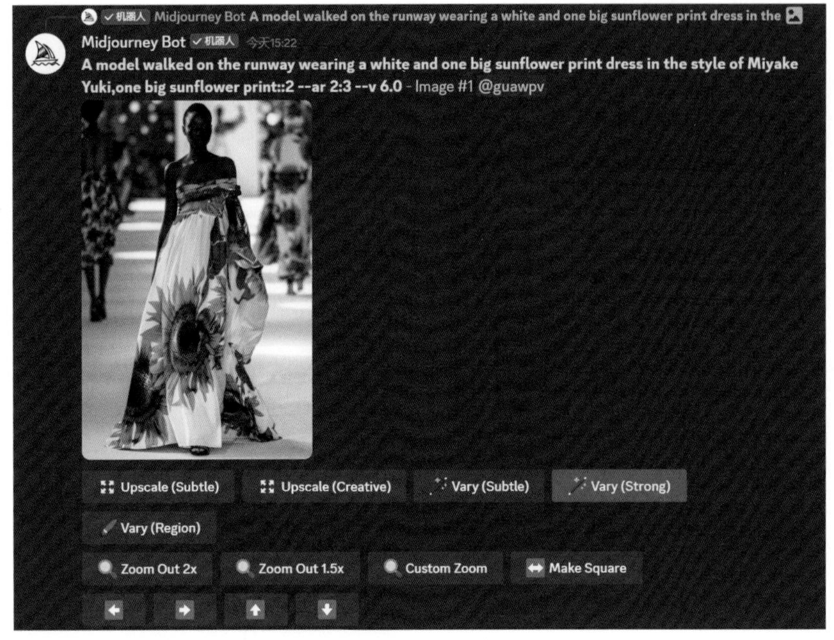

30

调整关键词探索该图案不同尺寸的创意运用；例如，使用“大号向日葵印花”或“小号向日葵印花”作为关键词，可以生成单位印花尺寸不同的连衣裙，如图 3.30~ 图 3.32 所示。

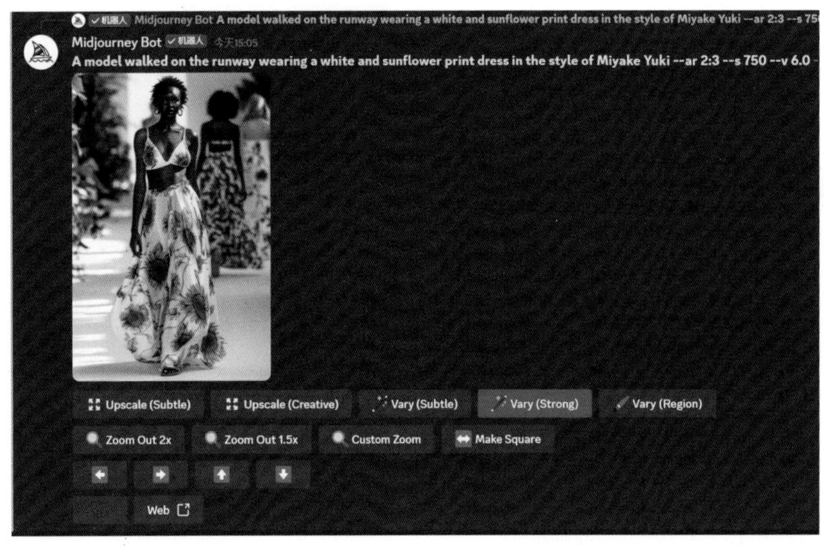

31

图 3.27 “Upscale”按钮放大查看细节
图 3.28 “Vary”按钮生成更多系列图像
图 3.29 基于优化结果的系列图像（作者：刘筠清）
图 3.30 使用“大号向日葵印花”为关键词
图 3.31 使用“小号向日葵印花”为关键词
图 3.32 不同单位尺寸的印花——向日葵系列女装（作者：刘筠清）

32

33

不仅如此，利用该程序的“blend”功能还可以代入其他图形元素生成高度融合的作品。图3.33～图3.36为将原创插画作品与向日葵印花连衣裙相融合的案例，插画作品的原创度决定了服装设计作品的独特性。

应注意的是，用于生图的款式素材全部来源于互联网，平台已有模型是通过计算机程序对互联网图片进行分类学习后获得的精炼结果。完全依赖AI生图容易缺乏原创性细节，作品常常具有似曾相识的观感。唯有采用设计师自建模型或原创素材的介入，才能让生图作品具有相对较强的独特性。

图3.33　水彩插画（作者：李琮舟）
图3.34　结合插画元素后的印花1
图3.35　结合插画元素后的印花2
图3.36　结合插画元素后的印花3

34

35

36

三、人机协作的工作优势

（一）构思的既视感

在第一章“底层逻辑”创意的真相中，笔者用啃咬的苹果和波点裙子的案例，说明创意的感受常常来自常规元素的非常规组合（图 1.52）。借助 AI 技术可以运用这一规律获得非常直观的设计结果。

以 IP-Adapter 为例，它是一款由腾讯 AI 实验室开发的工具。IP-Adapter 通过图像提示来提高图像生成的质量和效率，避免了复杂的文本提示工程，在有效结合文本和图像信息的基础上，使模型能更好地理解和利用这些信息，用于改进从文本到图像的扩散模型。

使用 IP-Adapter 时，首先将目标图像作为图像提示，然后编写描述所需内容的文本提示。将这两个提示输入 IP-Adapter 的插件中，模型会根据这些提示生成一个新的图像。例如，选择穿着波点裙子的女生图像，并编写“一个有着波点的红苹果”的文本提示，模型便能生成一幅与提示相匹配的波点红苹果图像，如图 3.37 所示。利用 IP-Adpeter 插件，可以对两个物体的表面纹理进行置换，实现独特的视觉效果。这一技术可以将创意过程的头脑风暴和联想词进行即时的可视化，为设计师提供参考和启发。

图 3.37　波点连衣裙与苹果的元素互换
（作者：谢一爵）

37

（二）人脑指令 + 电脑执行 = 优化的分工

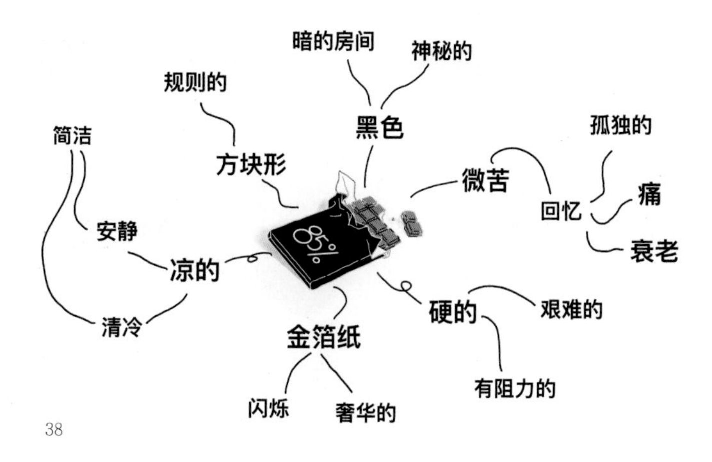

图 3.38　关于“黑巧克力”的主题联想　　38

在第二章中“穿越的积木”这一小节中，用“黑巧克力”作为设计命题（图 3.38），通过脑图分析对象所包含的感受信息，逐步实现从文本到图形的灵感转化过程。转化后的文字描述关联风格、形式、质感等要素，形成具象化的关键词。借助 AI 输入关键词生成图形的功能，将灵感分析与 AI 技术结合，可以完美地实现人机协作。

之所以称之为“协作”，是因为关键词是设计师基于人类情感、阅历加以揣摩后的思考结果，其主观性赋予结果以独特性，而识别、匹配对应图形这种相对客观而机械的工作，可以交给 AI 数字技术去完成（表 3.3）。

表 3.3　人机协作的分工示意图

工作流程常量（预设的风格）		
1. 解读任务、确立关键词 2. 根据关键词搜索图形 3. 基于搜图结果自建模型库 4. 根据设计目标编写提示词描述 5. 结合描述设定参数 6. 由参数生成设计结果 7. 评估设计结果 8. 调整描述或参数 9. 生成最优结果		
人的工作	人机协作	AI 的工作
1，7	4，5，8	2，3，6，9

下面，以“黑巧克力”命题设计为例，在 Stable Diffusion 程序中呈现这一协作过程。

首先通过主题内涵联想确定关键词；之后使用 AI 识图技术在互联网海量图片中搜寻契合关键词的各种图片，如“简约的廓形”“做旧的工艺”等。在搜索结果中挑选最接近设计师理念的图片（表 3.4），将其输入到 Stable Diffusion 软件的对应项目（如廓形、材质、色彩等）作为 AI 的参考模型。

表 3.4

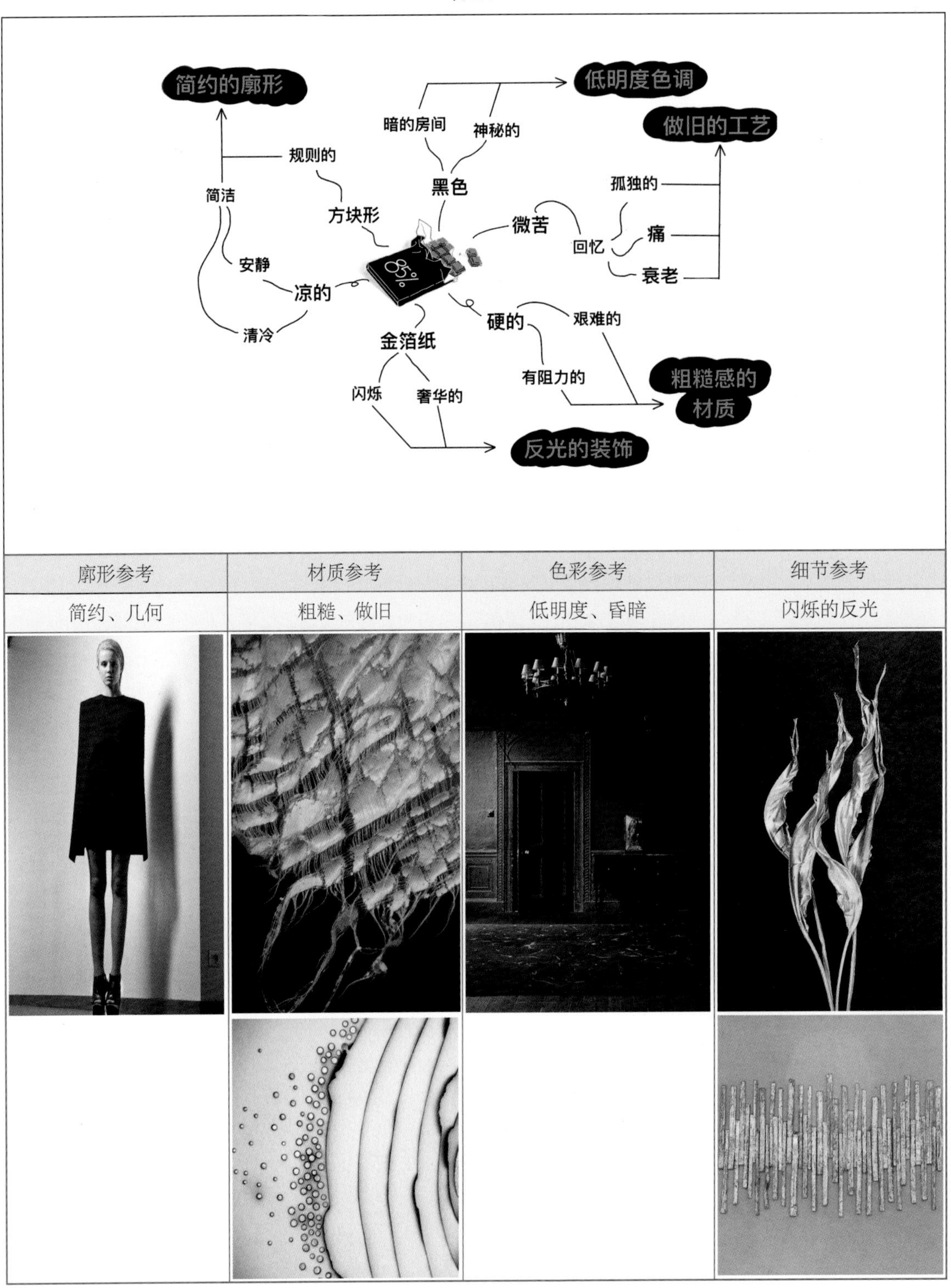

廓形参考	材质参考	色彩参考	细节参考
简约、几何	粗糙、做旧	低明度、昏暗	闪烁的反光

之后，根据主题内涵编写匹配设计效果的提示词，如“女性模特，巧克力色，（老化刷痕细节：0.8），微小的反光装饰品，雅皮士，（干燥且凌乱的头发：0.9），（全身照片：1.2），（新艺术风格），破旧风格，粗糙，全身，（污渍：1.5），（破旧的衣服：0.8），（金属镶边：1.2），（暗色调：1.8），（简单背景：1.5），黑色外套，（衣服上的金链条：1.5）”。输入提示词的同时可以添加权重数字来定义单个词汇的优先程度。

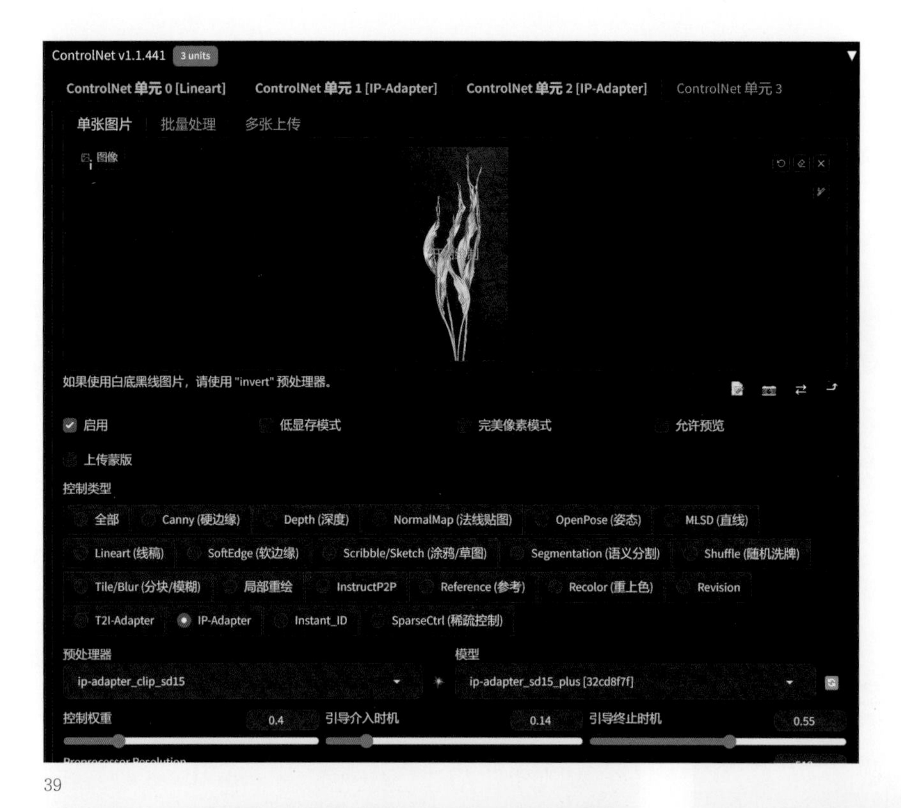

39

提示词是用于运行生图程序的主要依据，图片的细节则需要 ControlNet 插件来辅助提升效果。使用 ControlNet 风格迁移插件将细节图片设定为质感参考，多种细节要求需要通过多个 ControlNet 插件共同工作，实现对图片的协同控制（图 3.39）。在所有关键参数就位后，启动程序生成 AI 设计初步结果，如图 3.40~ 图 3.43 所示。

从结果来看，生图的效果较好地还原了关键词指示的多项细节，如低明度的色调、闪烁的发光物、有做旧肌理的质地等。调整参数进一步优化生图效果的精准性，或用扫描的材质图片和设计师绘制的款式线稿替换原参考模型，可以生成更为原创的设计图。

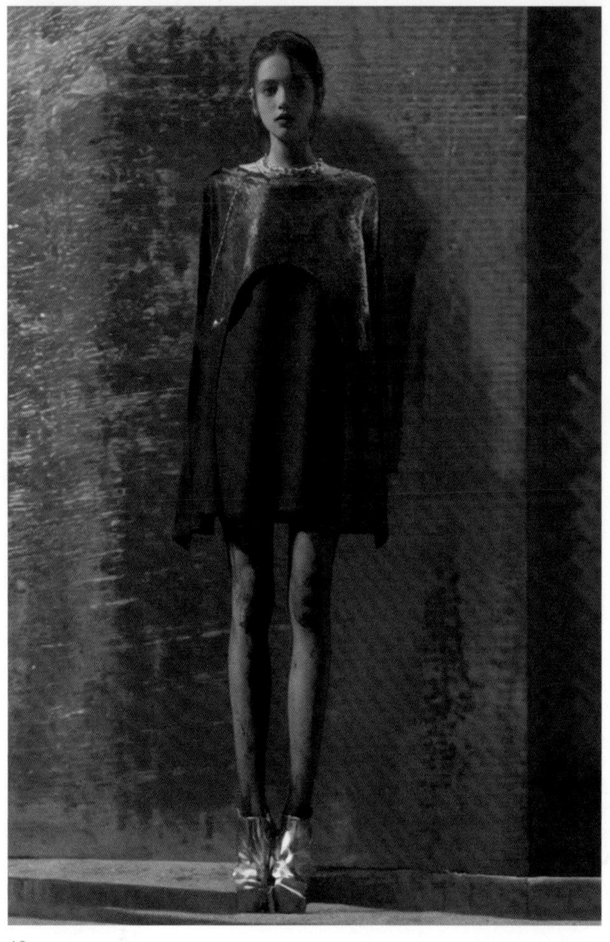
40

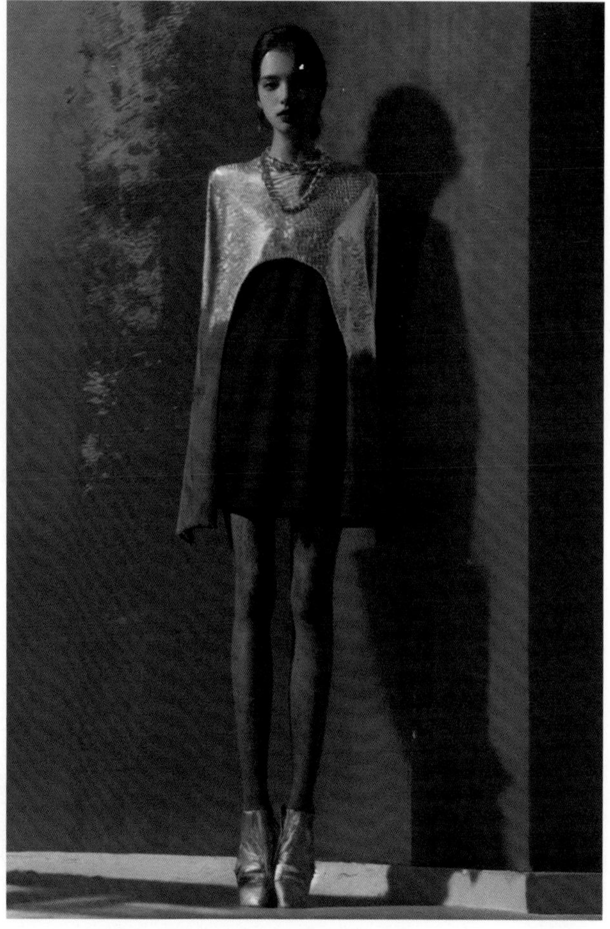
41

42

43

本章小结

本章围绕前文有关设计原理与应用的知识体系，将当下热议的人工智能生图技术在服装领域的运用进行解读和案例呈现。通过介绍几款主流的 AI 生图工具如 Stable Diffusion，ControlNet 插件以及 Midjourney 平台等，为设计师提供了一个强大而高效的集合型创意平台。设计师可以利用 AI 的高效数据处理能力和模式识别来提升工作效率，增强作品的多元性创造力。

AI 作为工具具有拓展设计可能性，但并不能取代人类的直觉和情感所具有的独特创造力。设计师应关注 AI 技术的最新进展以及相关设计伦理探讨；同时，还应保持对真实世界的深入理解和洞察，而非依赖于算法和参数。AI 的强大功能唯有和人类设计师的情感与思维结合，才能持续输出有价值的设计作品。

第四章 持续学习——像武术家一样操练

无论是太极拳的新手还是经验丰富的专家，站桩都是每日的必修课，因为这既是基本功也是持续提升内力的必要练习。设计的工作有时候既是繁重的脑力劳动又像一场与任务目标的博弈，要求设计师不仅有扎实的基本功还要有敏锐的反应。要成为设计赛场上的高手也需要像武术家一样,应对问题既要熟悉“套路”和“打法”，同时还应坚持不断地进行基本功训练，确保设计能力始终保持在最佳状态。

一、“体能训练”——强化手绘基本功

手绘基本功对于设计者来说，是一项基础技能。它不仅包括绘画技巧，更涵盖了对空间、形态、色彩等设计要素的理解与把握。就像太极拳的站桩一样，它是武术的基础功，是习练者进入更高层次技能的基础。只有通过扎实的基本功训练，设计者才能更好地理解和运用设计理念，从而在创作中实现自己的想法(图 4.1)。

如果太极站桩锻炼的是身体的稳定性、协调性和平衡感，则手绘基本功锻炼的是观察力、理解力和想象力。这些内在能力的提升,对于持续学习来说，是至关重要的(图 4.2)。

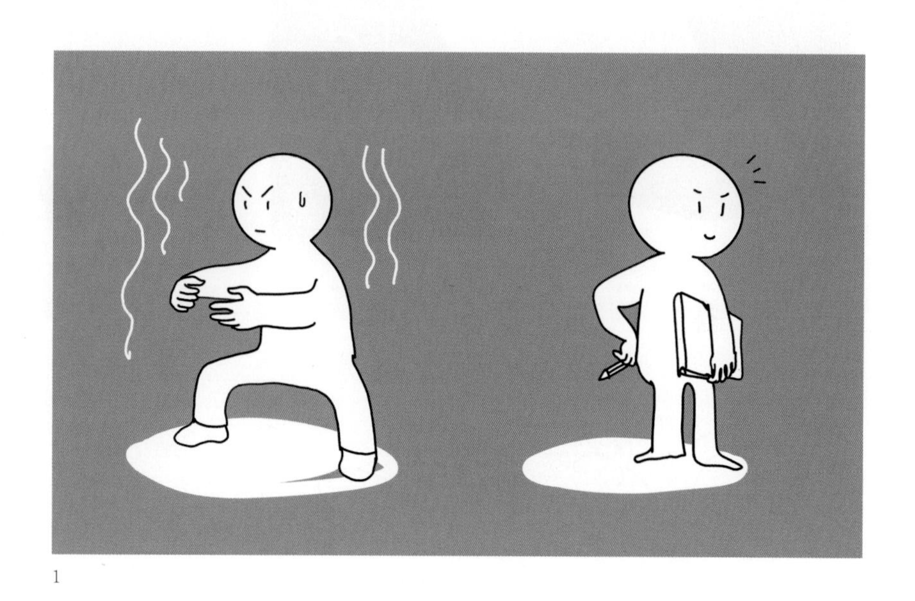

1

2

手绘不仅是服装设计师直观地表达创意想法的媒介，同时也能帮助设计师在纸上更好地思考和规划设计。在学习设计的过程中，练习绘画与造型并不是最终目的，而是掌握流畅的图形表达能力的必要手段（图 4.3）。

学习设计应该经常练习并保持手绘的能力，在瞬息万变的流行资讯变化中，将设计的“体能”保持在良好的状态，以不变应万变。

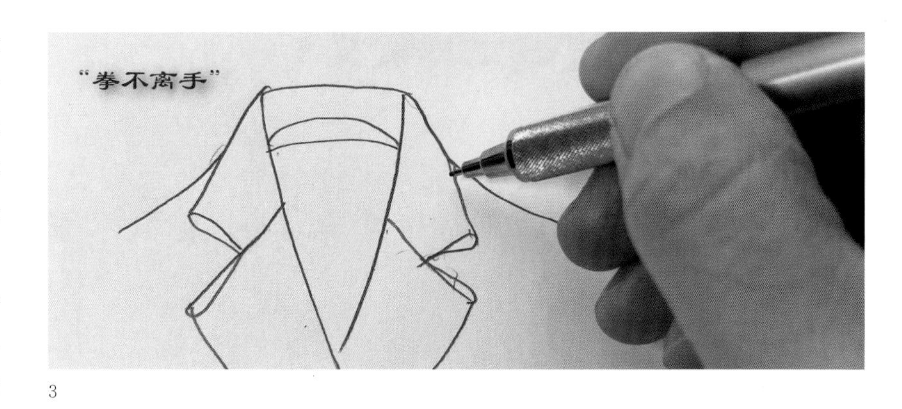

3

4

5

一方面，手绘可以加强设计师对服装结构和细节的把握。通过手绘，设计师可以更加深入地了解服装的轮廓、线条、比例以及细节设计，提高色彩感受的灵活度和对美感的判断力。 在练习准确表达那些优雅的比例和图形时，由于手眼脑的紧密协作会在大脑中建立起对这种比例的敏感性，当下一次出现类似的形态而比例略有失调的情况，我们会立即识别并加以修正。当大脑中储备了足够的造型信息，我们就可以在头脑中通过排列组合变化对这些信息进行加工，更快速构建出不同的组合方式，产生新的设计方案（图 4.4）。

另一方面，手绘还能够更好地捕捉和记录设计师的灵感和创意。有时候，设计师可能会在瞬间产生一些非常有创意的想法，缺乏充分的手绘练习，构思只能停留在大脑里，很难快速用图像表达出来，这对于完成设计这项工作来说是十分添堵的。 即使能依靠数字技术来做设计图稿，可能会因为操作繁琐而错失这些灵感。通过手绘，设计师可以迅速地将这些想法记录下来，并在手绘稿上进行进一步完善和调整，从而更好地实现自己的创作（图 4.5）。

最后，手绘可以帮助设计师在团队工作中高效沟通。设计师可以随时随地用手绘直观地表达自己的设计思想和创意，同时也能更好地与团队成员、客户等进行沟通和讨论，从而更顺畅地完成项目任务。

设计的“体能训练”

1.“5313”速记挑战

“5313”是“5 分钟、3 分钟、1 分钟、3 分钟”的简称，具体练习方法如下：

1）观察一款服装图片，根据个人能力选择不同的时间长度进行临摹和细节默写。用于观察和默写的时间可以从长到短，逐渐增加难度，如依次用三种时长（5 分钟、3 分钟、1 分钟）来重复“观察”这个动作，最后使用 3 分钟尽量默画出所看到的服装款式或细节，每一次默写结束可以对照参考图评估自己对信息观察和还原的准确性。控制时长是为了提高练习时的专注度，如果手绘技能尚不十分熟练，可以根据实际情况设定所需的最短时间并加以重复（图 4.6）。

6

2）当“5313”练习达到熟练的程度，可以用限定的时间来观察、默写一组或一系列服装款式图。面对成系列的款式设计图，尝试识别、记忆整个系列的廓形特点、色彩特点、材质特点，同时要注意款式之间的细微变化和局部特征。观察完毕后立刻开始默写所记住的图形和信息。如果难度太大，可以先临摹或回到单一款式的“5313”练习，对款式速记和款式还原的能力加以强化（图 4.7）。

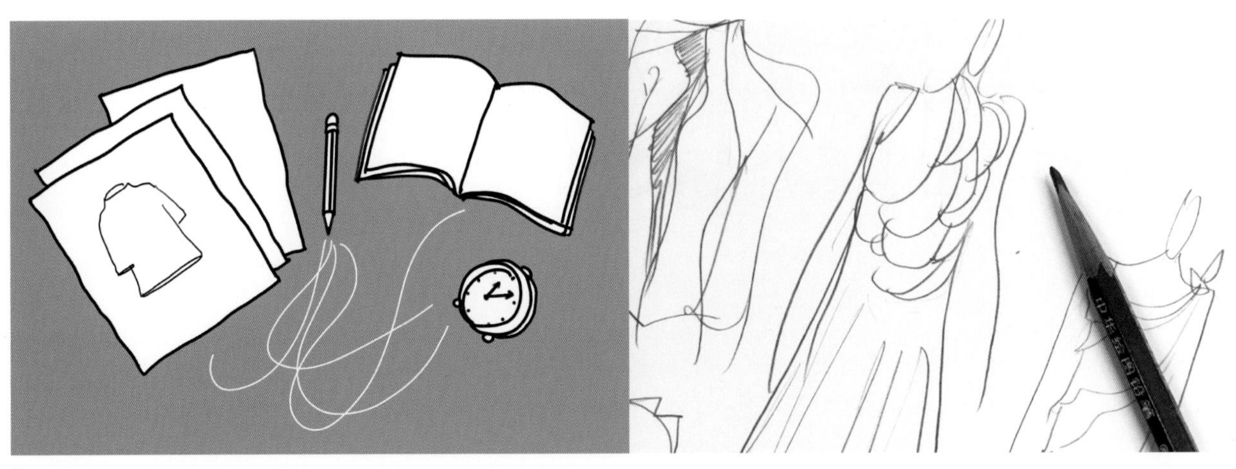

7

图 4.8　服装局部的手绘练习（作者：周怡静）

在系列速记阶段，可以针对参考图进行全盘速记，也可以采用分项练习的方式，分别针对廓形、色彩、图案进行速记练习（图 4.8）。

二、“套路训练”——强化设计灵活度

拳击训练的套路练习中包含了各种成组的出拳动作，这些是应对不同情况下所需要的进攻或防守的高效方案，可以提高拳击手赢得比赛的概率。设计师在面对变化的流行信息，处理和解决各种不同的设计问题或诉求时，敏锐的反应和高效的工作方法也如同拳击手进攻时所使用的组合拳一样，有工作路径可循，我们可以称之为“套路”。反复练习并熟练运用这些设计套路可以大幅提升设计的能力和效率。

“如果你继续练习你正在学习的东西，树突棘和突触就会进一步成长。你越是沿着你的神经路径进行思考，你所学的东西就会越持久。大脑链接组就是这样产生的。”——《学会如何学习》[9]

套路训练是对技术动作的反复熟练，将变化和创意的规律内化，培养灵活敏锐的思维决策能力。本章所提到的套路训练主要是针对第二章进阶练习中的内容进行限时练习，在规定时间内完成每一次练习并反复强化以提升技法的熟练度。

（一）设计的“套路训练”

1.“1104”速配挑战

1）“1104”是“1 个参考、10 个款式、4 个配色”的简称，具体练习过程如下：选择 1 个款式图，提取线稿，通过元素的排列组合变化产生 10 款新的设计，选择其中最理想的 4 款完善线稿并加以配色。在熟练的基础上可以通过限定时间来增加难度和练习强度。

2）“1104”是一连串技术动作针对如何拓展系列款式的综合运用，知识点主要涉及基本元素的提炼、重组以及系列感的配色变化（图 4.9）。

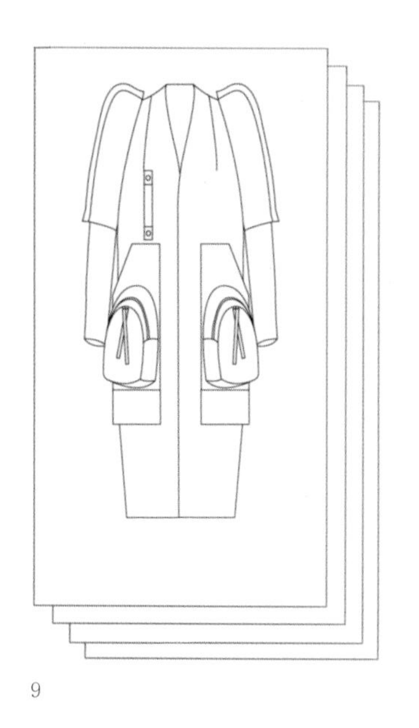

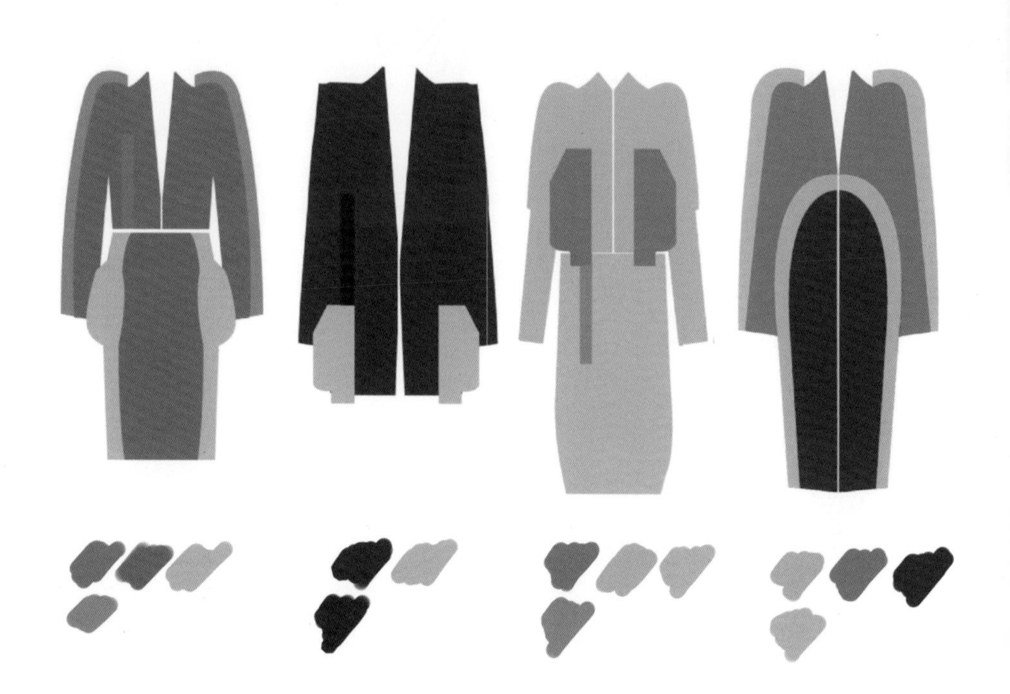

9

图 4.9　色彩学习笔记（作者：丁紫薇）

[9] 作者［美］芭芭拉·奥克利［美］特伦斯·谢诺夫斯基［英］阿 出版社：机械工业出版社 出版时间：2020 年 01 月

对于初学者而言，一开始可以先随机地练习以感受配色效果的不同、辨识配色的和谐与否是其关键差异所在；之后多看样例、学习配色和谐的经验用色，做记录并整理自己的配色笔记。通过直观、感性的试错体验能进一步明白：了解颜色的分类、颜色的三个基本属性（色相、明度、纯度）以及它们之间的关系有助于更好地理解颜色，以及如何搭配它们（图 4.10）。

随着练习的深入则要更为系统地学习色彩原理和配色规律才能更好地理解色彩关系和搭配。——《配色手册》[10] 一些专业的书籍可以帮助学习者不断提升自己对色彩的理解能力，当然充分的配色实践对色彩感觉的提升尤为重要。

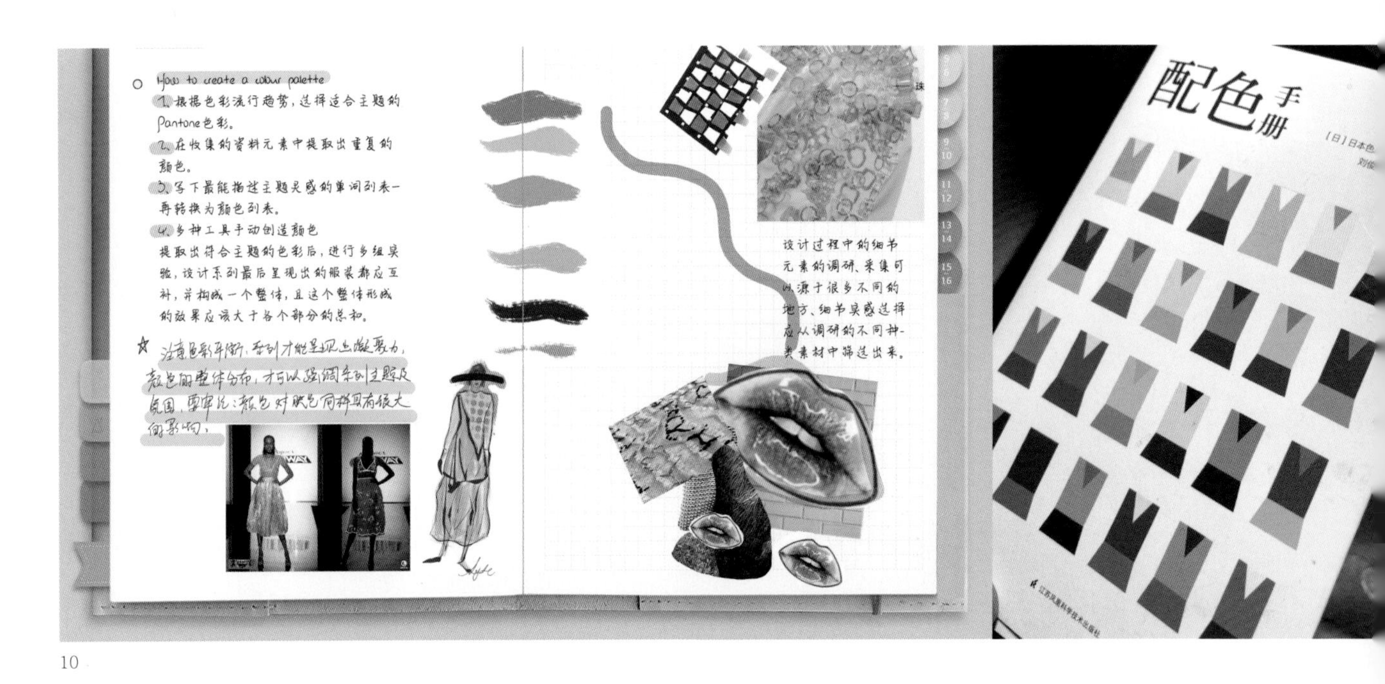

图 4.10　色彩学习笔记（作者：李缘琳灿）

2. 熟悉“套路”的意义

（1）提高工作效率

设计师熟悉设计的套路后，能够更快地进入设计状态，减少思考和探索的时间，从而提高工作效率。

（2）提升设计质量

熟悉设计的套路可以帮助设计师更好地掌握设计的规律和技巧，从而更好地把握设计细节，提升设计质量。

（3）增强创新能力

熟悉设计的套路并不意味着照搬旧有的模式，而是掌握设计的内在逻辑和规律，从而能够在遵循这些规律的基础上进行创新，提出更具有创意和实用性的设计方案。

“5313”或“1104”都是用来强化基本功的日常练习，可以快速、多次、反复地利用业余时间进行碎片化练习。通过持之以恒的反复实践将设计逻辑和工作方法内化为一种应对任务快速反应的能力。

[10]《配色手册》是专门针对服装色彩搭配的一本简明工具书。由日本色彩设计研究所编，刘俊玲、陈舒婷译，2018 年江苏科学技术出版社出版

3. 作业示范

针对性的单项练习［（图 4.11~ 图 4.17）（作者：周怡静）］

1）图案及色彩搭配设计研究 MISSONI。

单项练习应该选择成熟的品牌设计作品为参考，品牌调研和款式研究是必要的功课。

图 4.11　品牌基本信息调研

图案的变化练习可以从简单、明快的单位形开始。

·图案的提取与转换

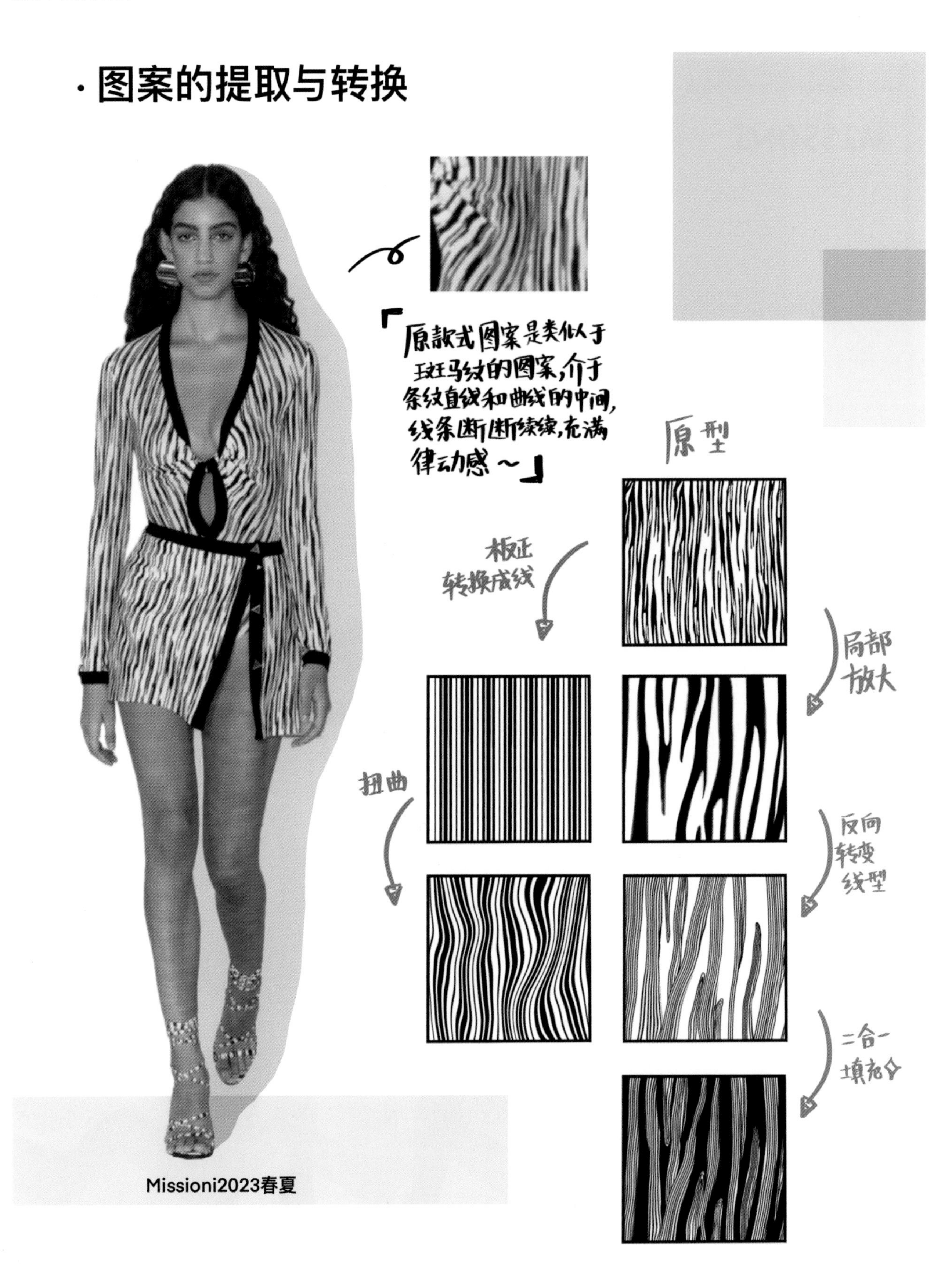

12

图 4.12 原款图案的提

针对图案开展延伸变化，可以先忽略色彩，仅提取图案的纹理构成方式和规律进行推演。

·效果图

13

图 4.13　原款图案的延伸推演

在研究了参考款的品牌特色和用色特点后，结合配色方案对图案做完整的延伸设计。首先在保持品牌原有风格的基础上进行图案变化，之后再进行自由搭配变化。

·色彩

参考例年秀场的颜色，为设计图案添加颜色

COLORO 082-79-19

PANTONE 7401U

PANTONE 686 CP

PANTONE 4126C

PANTONE 2159 C

PANTONE P 114-3 C

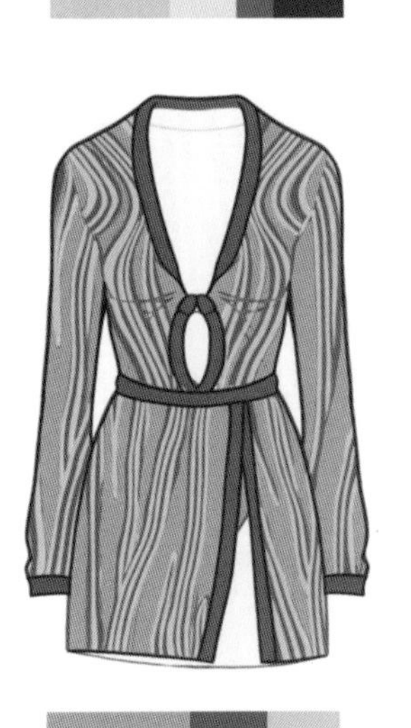

图 4.14　原款色彩的延伸推演

2）服装款式速写。

15

图 4.15 服装速写手稿练习 1

16

图 4.16 服装速写手稿练习 2

17

图 4.17　服装速写手稿练习 3

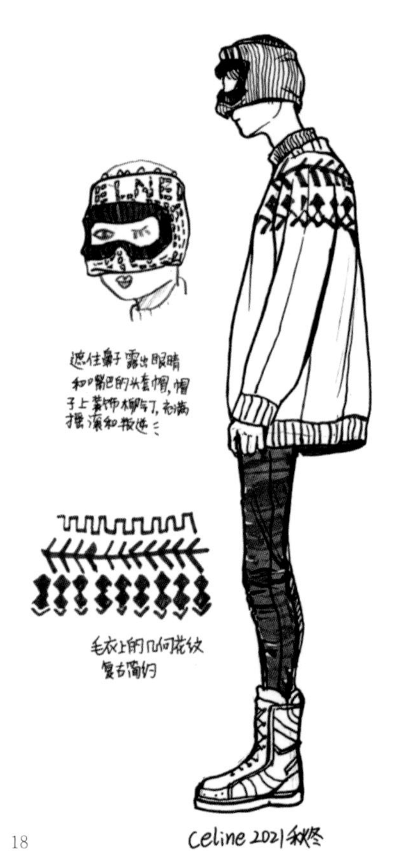

通过随时随地的款式临摹练习来提升自己的设计积累和审美能力，每一次练习都要养成记录设计信息的习惯，如标注款式的品牌名、年份、设计特征等（图 4.18）。在款式速写本上写下自己对某一款式的评价或因受启发而产生的其他造型灵感。持之以恒，便会形成自己的设计手账，既是对自己学习的见证，也可以作为个人作品集的组成部分。

18

图 4.18　随手稿记录设计信息

第五章　自我诊断与学习建议

一、自我诊断

回答下面的问题并根据答案调整训练计划（图 5.1~ 图 5.2）。

1. 我的款式图总是有形准的问题

否—恭喜你！

是—留在第四章，针对“体能训练”增加款式线稿进行临摹和脱稿默写。

2. 我在整理设计元素和款式资料时找不到规律

否—恭喜你！

是—回到第二章的“认识积木”部分，重复练习。

3. 我完成一个基础款的变化要花较长时间

否—恭喜你！

是—回到第二章的“搭建积木”部分，继续强化。

4. 我完成一组系列款式总感觉凌乱、系列感不强

否—恭喜你！

是—回到第二章的“整理积木”部分，重复练习。

5. 我有很多服装设计创意，但总是难以表达得很明确

否—恭喜你！

是—回到第二章的“高阶练习”模块，重复练习。

1

2

二、学习建议

（一）及时纠错

学习过乐器的人都有体会，在练习演奏一段旋律的过程中，必须针对不熟练的小结或一组音符反复练习直至准确流畅才能继续进行下一段练习。急于求成者往往会忽略瑕疵，以一种不完全熟练的状态反复练习整首曲子。虽说这样做最终也能达到熟练的效果，但扁平式的、不求甚解的练习会大大增加学习的时间成本，而且容易让人对自己的薄弱环节视而不见。

这种现象在初学服装款式设计绘图的过程中常常发生，如在画一个系列服装时，用错误的线条表达领口的转折关系（图 5.3）。

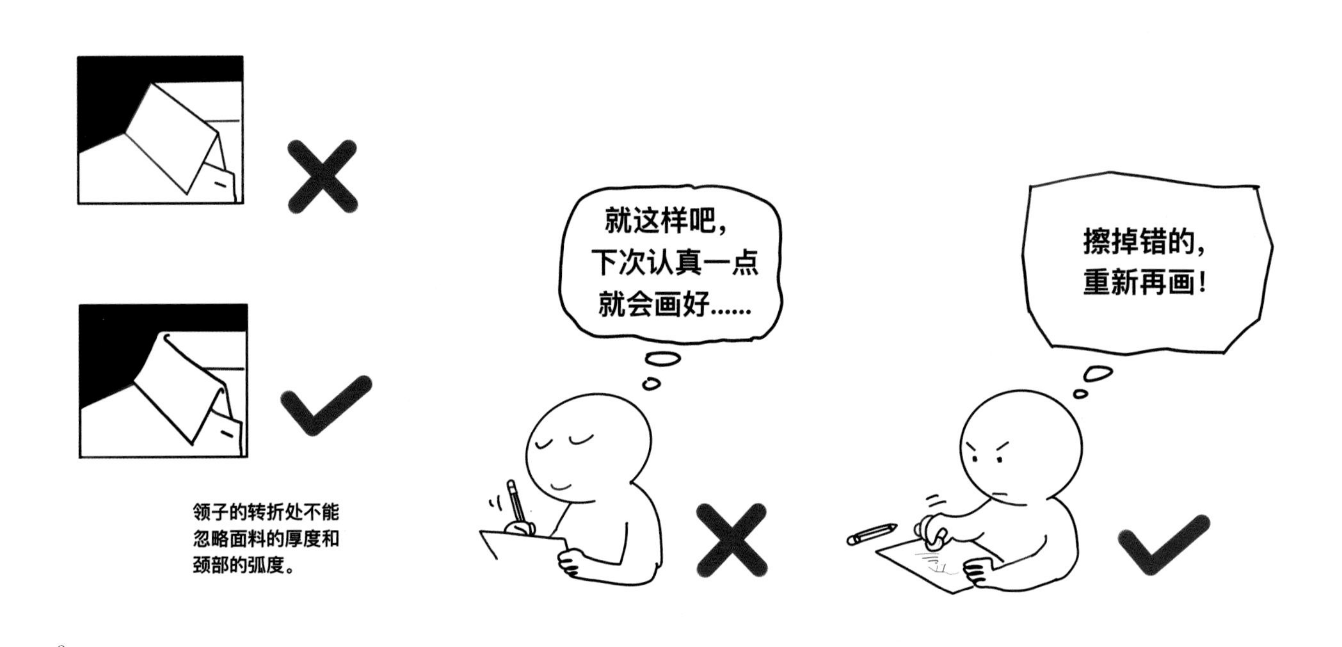

3

错误的做法：得过且过，继续进入下一个环节。

正确的做法：停在这个环节，围绕一件服装实物观察并理解领口的转折形态，可以参考示范图的画法，慢速、多次地描摹领口的转折形状，直至能轻松地默画出准确的样式。通过对局部的刻意练习彻底摆脱之前错误的画法，这样的练习才能称为有效练习。通过对一个细节的认真研究和推敲能够让人举一反三，思考并解决同类型的其他问题，如袖口的转折、裙摆的转折等。

反之，如果忽略这些小细节并急于开展下一个练习项目，你会发现自己在长时间的学习后，还会出现只有初学者才会犯的“低级错误”（图 5.4）。

在就业应聘时，向公司招聘经理展示这些带有瑕疵的作品集只会显示出你不仅对于服装结构的理解十分幼稚而且工作态度也很不严谨。

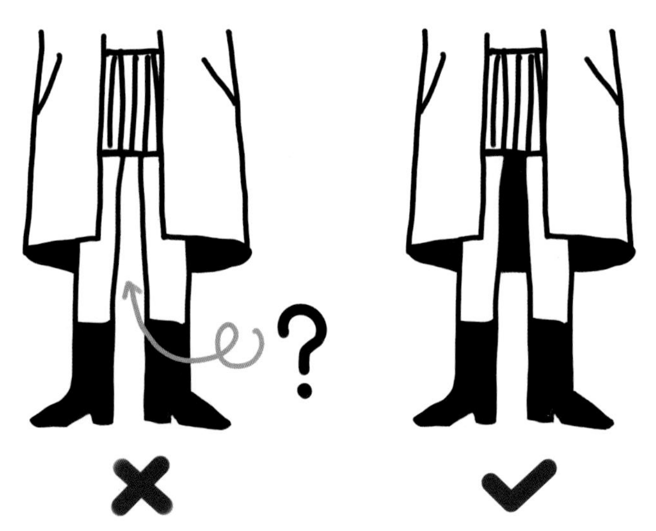

4

（二）观察真实的素材

创意的能力常常基于对客观事物进行联想的能力，但用于产生联想的灵感元素却需要建立在日常的观察和体验中，尤其是来自真实世界的生活体验（图 5.5）。

在野外感受到的植物气味和触感也许会启发你塑造出新的面料肌理，即便是一片微小的蕨类叶片也包含着宏伟的秩序之美和细腻的鬼斧神工。仅靠观看数字图像并不能带来这些丰富的体验，反而会产出空洞乏味的设计。互联网中的图片信息量虽然庞大，但是并不能完全取代创作者对真实世界的取材过程。之所以出现大量草率的作品，是因为学生们止步于对网络图片的肤浅观察，忽略了真实世界的信息对身心的启发作用。

5

（三）全面的知识体系

最后，服装设计是一门手、眼、脑结合的技艺，服装的最终作品是以服装实物的形式来呈现的，因此全面的服装学习历程包含了图纸绘画、结构裁剪、缝纫工艺三个重要的练习板块。最终要成为一名合格的服装设计师不能断章取义地只学习其中的某一个环节而是要融会贯通三个板块并加以灵活运用，任何一项短板都可能会影响设计作品的水准和质量。由于对服装结构知识掌握的欠缺而导致设计图稿只有华丽的外观而缺乏可穿性的结构，这在初学作品中很常见。因此，在图纸绘画、结构裁剪、缝纫工艺这三个板块进行充分、系统地实践才能获得扎实的专业素养。本书所讲授的理论主要针对设计的逻辑技法，如何有效地将创意从头脑搬运到纸面并分析它的可行性，密集的纸面练习虽然可以快速提升服装形式变化的能力，然而这并不意味着可以脱离工艺、结构方面的实践来谈设计，全面的知识体系和技能训练对于进一步深入学习是非常必要的。

参考文献

1. 华梅 . 人类服饰文化拓展研究下册 [M]. 北京 : 人民日报出版社出版 ,2020.
2. 贾玺增 . 中外服装史 [M]. 上海 : 东华大学出版社 , 2018.
3. 亨德里克・威廉・房龙 . 人类简史 [M]. 刘梅 , 译 . 北京 : 中国友谊出版公司 ,2018.
4. 原研哉 . 设计中的设计 [M]. 济南 : 山东人民出版社 , 2010.
5. 盖伊・朱利耶 . 设计的文化 [M]. 钱凤根 , 译 . 译林出版社 ,2015.
6. 安德鲁・博尔顿 , 川久保玲 . 川久保玲 : 边界之间的艺术 [M]. 王旖旎 , 译 . 重庆 : 重庆大学出版社 ,2019 .
7. Bolton A. et al. About time fashion & duration [M]. New York ：The Metropolitan Museum of Art , 2020.
8. Tomoko Nakamichi . Pattern magic [M]. London : Laurence King , 2011.
9. 乔纳森・M. 伍德姆 . 20 世纪的设计 [M] . 周博 , 沈莹 , 译 . 上海 : 上海人民出版社 ,2012.
10. 中泽愈 . 国际服装设计教程——人体与服装 [M] . 袁观洛 , 译 . 北京 : 中国纺织出版社 , 2003.
11. 日本色彩设计研究所 . 配色手册 [M] . 刘俊玲 , 陈舒婷 , 译 . 南京 : 江苏科学技术出版社 , 2018.
12. 霍鹏飞 , 吴玮 . 大脑的学习机制及其对教育的启示 [J]. 集美大学学报 (教育科学版), 2011,12(02), 50-53.
13. 宋红研 . 当代进化论美学研究述要 [J]. 河北画廊 ,2022(22),49-51.
14. 赵鑫 , 周仁来 . 工作记忆训练 : 一个很有价值的研究方向 [J]. 心理科学进展 2010, 18(05), 711-717.
15. 刘春雷 , 周仁来 . 工作记忆训练对认知功能和大脑神经系统的影响 [J]. 心理科学进展 , 2010,20(07), 1003-1011.
16. 刘能强 . 两种大脑模式与美术工作 [J]. 西华大学学报 (哲学社会科学版 ,2004 (06), 59-61.
17. 赵彦芳 . 审美的伦理之维——进化论美学的复兴和启示 [J]. 甘肃社会科学 , 2016(05), 110-114.
18. 朱烜圻 . 适应的趣味 : 进化论美学、表观遗传学视域下的人类审美偏好 [J]. 学术探索 ,2017(07), 18-24.
19. 晓雯 . 人工智能给时尚业带来了什么 [N]. 中国服饰报 ,2023-04-07(003).
20. 李鑫 . 人工智能技术在纺织服装图案设计领域的应用 [J]. 纺织导报 ,2023(06): 110-112.
21. 吴攸攸 .AI 在服装图案设计中的应用研究 [J]. 化纤与纺织技术 ,2023,52(10):194-196.
22. 何结平 . 人工智能绘画生成工具 Stable Diffusion 视角下平面设计发展研究 [J]. 科技经济市场 ,2023(11):45-47.
23. 郑凯 , 王菂 . 人工智能在图像生成领域的应用——以 Stable Diffusion 和 24. ERNIE-ViLG 为例 [J]. 科技视界 ,2022(35):50-54.
25. 赵梦如 . 人工智能在服装款式设计领域的应用进展 [J]. 纺织导报 ,2021(12):74-77. DOI:10.16481/j.cnki.ctl.2021.12.021.
26. 钟奇 .AI 介入参数化建模在首饰设计中的应用研究 [D]. 北京服装学院 ,2022.
27. 明恒毅著 . 自制 AI 图像搜索引擎 [M]. 北京 ：人民邮电出版社 , 2019.03.

图片来源

1. 图 1.1，图 1.49：Bolton,Andrew.,&Rei,Kawakubo.（2019）.Rei Kawakubo/COMME des GARCONS:ART OF THE IN—BETWEEN（王旖旎 译）. 重庆：重庆大学出版社 .
2. 图 1.2：https://sugarpova.com/pages/about
3. 图 1.12 P.136.Edwards-Dujardin, H.（2023）. Indémodables: Le répertoire de ce qui fait la mode - Vêtements intemporels, créations iconiques. Illustré.
4. 图 1.13 https://www.pinterest.com/
5. 图 1.20：https://baijiahao.baidu.com/s?id=1655580556396140275
6. 图 1.22：《百年时尚服装插画》P.40，"Anonymous, "Costumes de Jersey' by Chanel, Les ElEgancesParisiennes, July 1916. Private Collection.
7. 图 1.29：Traite complet de l'anatomie de l'homme, comprenant la medicine operatoire.', by Jean Marc Bourgery, published in Paris by C.A. Delaunay, 1831—54.https://www.worthpoint.com/worthopedia/antique—medical—anatomy—prints—415463074
8. 图 1.32，图 1.50：穿针引线 https://www.eeff.net
9. 图 1.33：Iris Van Herpen 2012 的女装设计，Bolton,A. et al.（2020）. About time fashion & duration. New York：The Metropolitan Museum of Art.
10. 图 2.15：蝶讯 www.diexun.com
11. 其他所有时装秀场图片来自 WGSN 服装流行资讯网站：https://www.wgsnchina.cn/en
12. 文中所有的漫画插图由作者手绘
13. 表 3.36 中的图片来自 www.pinterest.com

附 录

延伸学习资源

时尚资讯类（国外网站）：

1. Fashion Museum, Bath,UK
www.museumofcostume.co.uk
该网站介绍从 17 世纪到现代的服装历史和时尚。

2. The Costume Institute, The Metropolitan Museum of Art, New York
www.metmuseum.org/about-the-museum/museum-departments/curatorial-departments/the-costume-institute
该网站介绍从 15 世纪到当代的世界各地的时尚文化与地域性服饰。

3. La Couturière Parisienne
www.marquise.de
该网站拥有从中世纪到二十世纪早期的西方服装在线数据库。

4. Ethical Fashion Forum
www.ethicalfashionforum.com
一个与可持续时尚有关的行业机构。

5. Fashion-Era
www.fashion-era.com
一个探索时尚,服装和社会历史的网站。

6. Fashion Monitor
www.fashionmonitor.com
该网站介绍时尚和美妆行业的最新动态、新闻和事件。

7. Fashion Net
www.fashion.net
著名全球时尚门户网站。

8. Lifestyle News Global
www.lsnglobal.com
该网站分析市场与流行趋势，通过对产品、品牌和人的案例研究，以及对生活方式背后的灵感研究给出行业设计方向建议。

9. The Museum at FIT.Fashion Institute of Technology, New York
fashionmuseum. fitnyc.edu/
FIT 的博物馆收藏了从 18 世纪到现在的各种时尚服装和配饰。

10. Promostyl
www.promostyl.com
该网站为领先的趋势预测者，所涵盖的主题深入洞悉了影响趋势的社会和环境事件。

11. Vogue
www.vogue.com/fashion-shows
该网站提供在线高清秀场图，并附有品牌、设计师、风格等详细介绍。

12. Livingly
www.livingly.com/runway
相较于 Vogue 和 Promostyl 而言，该网站更专注于资讯发布且可以查询到较多的小众设计师资料。

13. Fuckingyoung
https：//www.fuckingyoung.es/
该网站专注于男装品牌设计。

14. Streetpeeper
http://streetpeeper.com/
该网站内容以街拍为主，以摄影作品的形式展示全球服装大众化的流行趋势，适合在寻找灵感、进行服装插画绘制时作为资料参考来源。

15. BoF
http://www.businessoffashion.com/
该网站以分析行业趋势为主，以服装领域的市场新闻为主。

16. LiveJournal
http://www.liveJournal.com/
该网站内容以服装历史资料、文献为主。

17. Mytheresa
http://www.mytheresa.com/
该网站展示与知名品牌有关的服饰、配饰、鞋子、箱包等图片，可作为设计素材参考。

18. Wiederhoeft
http://www.wiederhoeft.com/
该网站以婚纱产品设计为主。

19. Not just a label
www.notjustalabel.com
该网站可看作一个能够为设计者提供新思路的“时尚社区”。网站内部聚集了世界一流的设计师，不仅仅有知名品牌还有很多独立设计师品牌和新锐品牌。

20. Style du monde
www.styledumonde.com
该网站为高质量的时尚街拍网站，主攻四大国际时装周的外场街拍。

21. Streetpeeper
http://streetpeeper.com
本网站为各大时装周摄影作品集锦，适应观察流行趋势、找寻灵感来源。

时尚资讯类（国内网站）：

1. 海报网

www.Haibao.com

该网站为中国本土时尚类网站，汇集了当下潮流资讯和信息。

2. Fashion 时装 | Hypebeast

https://hypebeast.cn/fashion

该网站提供男装潮流趋势及街头时尚的新锐资讯。

3. 花瓣网

https://huaban.com/

该网站分享服装插画和工艺制作等内容。

4. WOW-TREND 服装设计趋势网

https://www.wow-trend.com

该网站内容基于流行趋势与设计企划，为读者提供服装流行趋势、设计企划以及设计主题等。

传统服饰文化类网站：

1. 汉服资料馆

http://120.25.237.190/hanfu/index.html

本网站收集整理了与汉服相关的出土实物简报、古籍文献图像、传世人像绘画等文字、图像资料，不限于服饰实物、陶俑塑像、壁画石刻等形式的作品。网站资料按照时间线排序，将有关的研究成果加以汇总。

2. 懿品博悟

https://www.yipinbowu.com

本网站为“中国可溯源传统纹样”的数字库，网站内容罗列了纹样在不同朝代的形态和载体演变。

3. 纹藏

https://www.wenzang.cn

本网站内容包含不同时期的多个民族的纹样库，拥有超过 20000 组纹样的设计素材持续更新。

4. 故宫博物院数字文物库

https://digicol.dpm.org.cn

本网站内容包含大量中国传统工艺美术精选高清图片的文物影像。

5. 数字多宝阁

https://www.dpm.org.cn/shuziduobaoge/html.html

本网站利用高精度的三维数据展示文物的细节和全貌，可以 360 度虚拟仿真观察文物并与之互动，还可以观摩纹样平铺图。

6. 中国色

http://zhongguose.com

本网站是中国传统服饰配色参考的素材库。

7. chinasilkmuseum.com

本网站内容包含大量中国古今纺织物及其延伸设计的相关物品，也存有相当数量的西洋服饰图片。

后 记

拖延了 3 年，终于抽时间完成了这本有关服装款式设计创意的教材，作为自己从事服装设计教学近 20 年的一个阶段性总结和回顾。

首先，本书的内容主要针对流行服饰外观设计的美学原理和运用来展开，基于篇幅限制和内容的针对性，本书的设计探讨环节回避了服装工艺和制版的影响因素，这一方面的针对性教材已经非常丰富，本书不再赘述。应该明确的是，学习设计的方法很多，但不能完全脱离工艺和结构知识体系。因此，读者可以配合其他工艺类教材来进一步开展学习研究。

其次，本书针对初学者和进阶学习者，在某些方面写得不够深入和完善，如服装的色 彩搭配，因为色彩本身是一个很大的体系，运用在各个设计领域，要在一本综合性教材中把色彩设计说清楚实在篇幅有限，因此在本书中很多部分仅浅浅带过。部分专业性较强的词汇、理论和概念，我没有在书中使用或谈及，因为我希望这本教材不仅能用于专业基础教学，同时，对有意愿学习服装设计的大众读者来说也是友好的。另外有关 AI 设计技术的探索，本人还在尝试阶段，有待与读者进一步深入学习和共同探讨。

从教学方法的讨论到写作思路的梳理，我工作所在的苏州大学艺术学院服装系的同事们，给予我很多有益的建议和启发，书中谈到的一些教学方法适用于多种教学场景，但不一定能满足所有的教学需求，教师可以根据自己的教学需求进行灵活调整。另外，书中的练习示范大部分节选自教学过程中的学生作业，部分作品存在诸多不成熟之处，希望读者们多多包涵。

最后，我要感谢所有支持和帮助过我的人。与本书相关的图片收集和文字资料整理工作，我的同事胡小燕老师提供了大力协助和支持；谢一爵同学在第三章 AI 赋能部分给予了大量的技术支持，非常感谢他们的付出。同时，我也要感谢和我一起分享、成长的学生们，他们天马行空的创意一直是启发我不断尝试新事物，改进教学方法的源泉。本书或许还有许多不足之处，但我衷心希望这本书能够为服装设计的学习者们带来一些启示和帮助。

李琼舟

2023 年 12 月 31 日

作者 李琼舟

苏州大学艺术学院服装与服饰设计专业副教授，英国德蒙特福大学访问学者，法国图卢兹第二大学交换讲师；主讲服装款式设计、立体裁剪等课程，服装设计作品曾入选第11届、第12届全国美术作品展。